室内节点设计与施工：
详图＋工艺流程＋三维拆解

邓玉祥　编著

机械工业出版社
CHINA MACHINE PRESS

本书通过 CAD 二维图、SketchUp 三维图等直观易懂的方式,采用分步骤、融合工艺说明的形式来呈现深化设计的流程和要点。此外,书中还附带了二维码,读者可以通过扫描二维码直接观看相关节点的动画视频讲解,以更生动、立体的方式理解深化设计的流程和技巧。

　　本书包括三部分内容:顶棚工艺节点设计与施工、墙面工艺节点设计与施工、地面工艺节点设计与施工。

　　本书内容详尽且全面,旨在为读者学习深化设计提供参考。本书不仅适用于设计人员、施工技术人员、工程造价人员等专业人士,也可作为相关专业大、中专院校师生的学习参考资料。

图书在版编目（CIP）数据

室内节点设计与施工:详图＋工艺流程＋三维拆解 /
邓玉祥编著 . -- 北京:机械工业出版社,2025. 1.
ISBN 978-7-111-77502-7

Ⅰ. TU238.2;TU767
中国国家版本馆 CIP 数据核字第 20254AD098 号

机械工业出版社（北京市百万庄大街 22 号　邮政编码 100037）
策划编辑:张　晶　　　　　　责任编辑:张　晶　张大勇
责任校对:郑　婕　李小宝　　封面设计:张　静
责任印制:任维东
河北鹏盛贤印刷有限公司印刷
2025 年 3 月第 1 版第 1 次印刷
184mm×250mm・12.5 印张・191 千字
标准书号: ISBN 978-7-111-77502-7
定价: 89.00 元

电话服务　　　　　　　　　　网络服务
客服电话: 010-88361066　　机　工　官　网: www.cmpbook.com
　　　　　010-88379833　　机　工　官　博: weibo.com/cmp1952
　　　　　010-68326294　　金　书　网: www.golden-book.com
封底无防伪标均为盗版　　机工教育服务网: www.cmpedu.com

深化设计，在室内设计领域中无疑是一个独具匠心和不可或缺的细分领域。它不仅是对设计方案的细化和完善，更是确保设计方案能够顺利转化为实际施工的关键环节。深化设计的过程，既是对设计创意的深入探索，也是对施工细节的精确把控，其重要性不言而喻。

在深化设计的过程中，深化设计师需要与多个配套专业进行紧密的沟通与协作。结构、建筑、消防、暖通、机电、给水排水等专业领域的知识和技能，都是深化设计师必须掌握和理解的。同时，灯光、软装、弱电、声学、导向标识等多元化领域的知识，也是深化设计过程中不可或缺的元素。这些专业领域的交叉融合，使得深化设计成为一项极具挑战性和复杂性的工作。

深化设计师的角色至关重要，他们是确保设计最终落地效果的最后一道关卡。他们需要结合现场实际施工过程，对设计方案进行细致的调整和优化。无论是对于材料的选择、工艺的确定，还是对于施工进度的把控、成本的控制，深化设计师都需要有深入的理解和独到的见解。只有这样，才能确保设计方案能够完美呈现，同时满足施工的需求和限制。

在深化设计的过程中，成本造价的控制也是一个不可忽视的因素。深化设计师需要在保证设计效果的前提下，尽可能地降低施工成本。这需要对材料市场有深入的了解，对施工工艺有精准的把控，对项目管理有高效的策略。只有这样，才能在保证设计质量的同时，实现项目的经济效益。

当然，安全始终是深化设计过程中不可忽视的重中之重。无论是对于建筑结构的安全评估，还是对于消防设施的配置和布局，深化设计师都需要有严谨的态度和专业的知识。任何疏忽都可能带来严重的后果，因此深化设计师在设计中必须时刻保持警惕，确保设计的安全性和可靠性。

本书在编写过程中，注重实际内容的呈现和与读者的交流互动。通过 CAD 二维图、SketchUp 三维图等直观易懂的方式，采用分步骤、融合工艺说明的形式来呈现深化设计的流程和要点。同时，书中还提供了大量的案例分析和实践经验分享，帮助读者更好地理解和掌握深化设计的精髓。此外，书中还附带了二维码，读者可以通过扫描二维码直接观看相关节点的动画视频讲解，以更生动、立体的方式理解深化设计的流程和技巧。

本书在编写过程中参阅和借鉴了大量的文献资料，力求为读者提供全面、准确、实用的信息。然而，由于深化设计领域的复杂性和多样性，书中难免存在不足之处。因此，我们恳请广大读者朋友在阅读过程中给予批评指正，共同推动深化设计领域的发展和进步。

总之，深化设计作为室内设计行业中的重要环节，需要深化设计师具备丰富的专业知识和实践经验。本书旨在为广大设计师提供一个交流、探讨的平台，共同推动深化设计领域的发展和创新。我们相信，在广大设计师的共同努力下，深化设计一定能够在室内设计领域中发挥更加重要的作用，为人们的生活和工作创造更加美好的空间环境。

编　者

目 录

前言

一、顶棚工艺节点设计与施工

二、墙面工艺节点设计与施工

三、 地面工艺节点设计与施工

顶棚工艺节点设计与施工

一

1 纸面石膏板（吊杆 + 吊件）

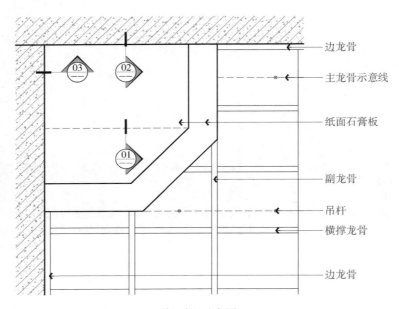

边龙骨

主龙骨示意线

纸面石膏板

副龙骨

吊杆

横撑龙骨

边龙骨

顶棚平面示意图

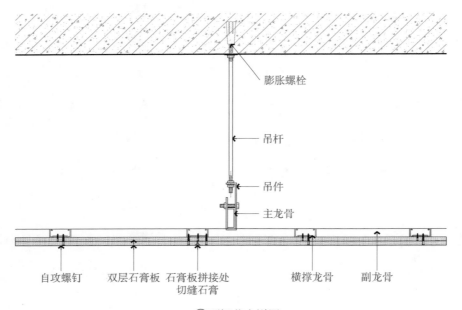

膨胀螺栓

吊杆

吊件

主龙骨

自攻螺钉　双层石膏板　石膏板拼接处　　　横撑龙骨　　副龙骨
　　　　　　　　　　　　切缝石膏

⑴顶棚节点详图

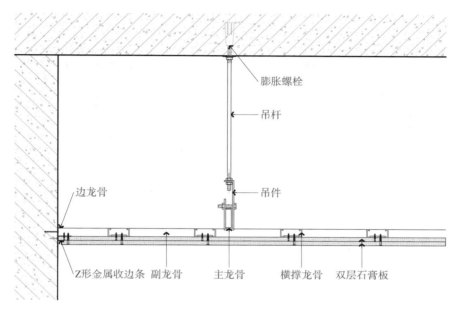

膨胀螺栓

吊杆

边龙骨

吊件

Z形金属收边条　副龙骨　主龙骨　横撑龙骨　双层石膏板

⑫顶棚节点详图

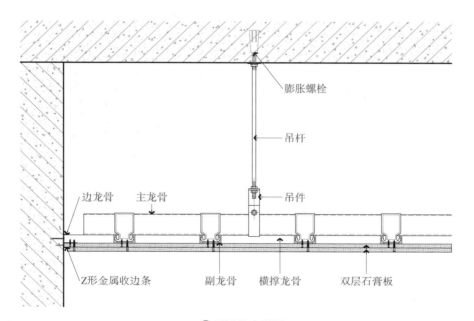

膨胀螺栓

吊杆

边龙骨　　主龙骨

吊件

Z形金属收边条　　副龙骨　横撑龙骨　双层石膏板

⑬顶棚节点详图

01－原建筑楼板、墙面

02－M8 膨胀螺栓，ϕ8mm 全螺纹吊杆及吊件安装，间距＜1200mm

03－安装 50mm 或 60mm 宽轻钢主龙骨（非上人吊顶可安装 38mm 宽主龙骨），并与墙面通过自攻螺钉固定边龙骨

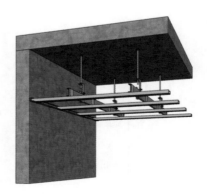

04－通过挂件安装 50mm 宽副龙骨，间距＜600mm；用自攻螺钉与边龙骨固定

05-副龙骨之间需固定50mm宽横撑龙骨，常用间距有400mm、600mm、1200mm

06-边龙骨下方通过自攻螺钉与墙面固定Z形金属收边条

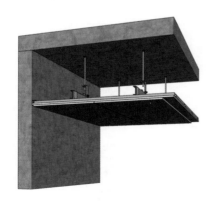

07-双层石膏板通过自攻螺钉与龙骨固定（螺钉间距150mm），第一层石膏板与第二层石膏板需错缝固定，且第二层石膏板拼接处需要切缝石膏补缝以避免后期开裂

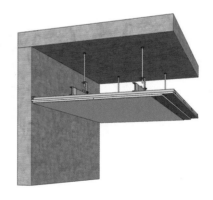

08-自攻螺钉打钉处需涂抹防锈漆，石膏板接缝处需贴网格布，披刮腻子、打磨、涂刷乳胶漆2~3遍

2　纸面石膏板（U 形夹）

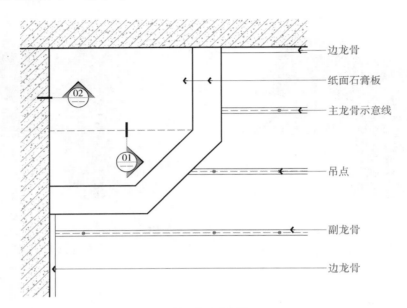

边龙骨

纸面石膏板

主龙骨示意线

吊点

副龙骨

边龙骨

顶棚平面示意图

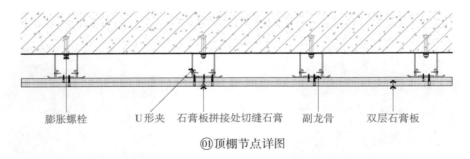

膨胀螺栓　　U 形夹　　石膏板拼接处切缝石膏　　副龙骨　　双层石膏板

①顶棚节点详图

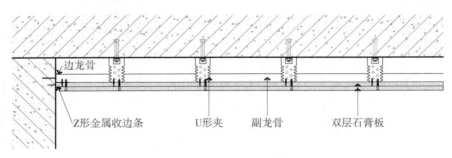

边龙骨

Z 形金属收边条　　U 形夹　　副龙骨　　双层石膏板

②顶棚节点详图

01 – 原建筑楼板、墙面

02 – 安装 U 形夹，纵向间距 ≤ 600mm，M8 膨胀螺栓固定

03 – 安装 50mm 宽龙骨与 U 形夹用自攻螺钉固定，并与墙面通过自攻螺钉固定边龙骨

04 – 边龙骨下方通过自攻螺钉与墙面固定 Z 形金属收边条

05 – 双层石膏板通过自攻螺钉与龙骨固定（螺钉间距 150mm），第一层石膏板与第二层石膏板需错缝固定，且第二层石膏板拼接处需要切缝石膏补缝以避免后期开裂

06 – 自攻螺钉打钉处需涂抹防锈漆，石膏板接缝处需贴网格布，披刮腻子、打磨、涂刷乳胶漆2~3 遍

3 纸面石膏板（卡式龙骨）

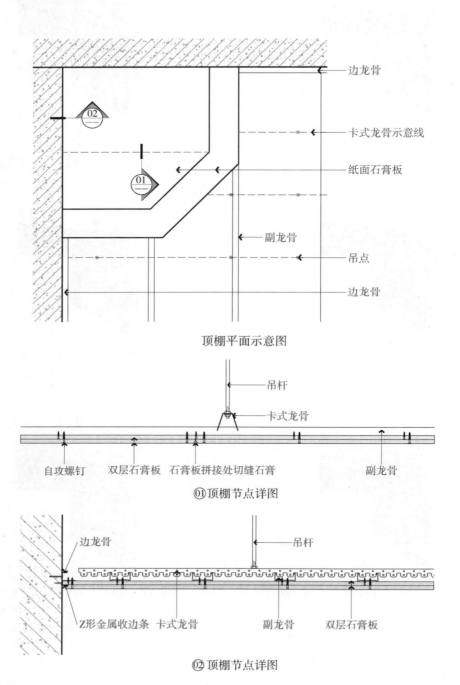

边龙骨

卡式龙骨示意线

纸面石膏板

副龙骨

吊点

边龙骨

顶棚平面示意图

吊杆

卡式龙骨

自攻螺钉　双层石膏板　石膏板拼接处切缝石膏　　副龙骨

①顶棚节点详图

边龙骨

吊杆

Z形金属收边条　卡式龙骨　　副龙骨　双层石膏板

②顶棚节点详图

01-原建筑楼板、墙面

02-M8 膨胀螺栓，ϕ8mm 全螺纹吊杆安装，间距 600~800mm

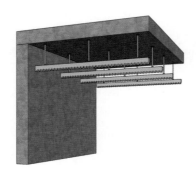

03-安装卡式龙骨，上下通过螺母与吊杆固定

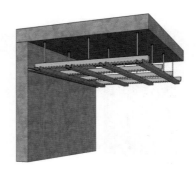

04-安装 50mm 宽副龙骨，间距为 400mm，并与墙面通过自攻螺钉固定边龙骨

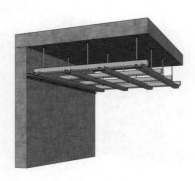

05- 边龙骨下方通过自攻螺钉与墙面
固定 Z 形金属收边条

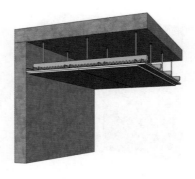

06- 双层石膏板通过自攻螺钉与龙骨
固定（螺钉间距 150mm），第一
层石膏板与第二层石膏板需错缝
固定，且第二层石膏板拼接处需
要切缝石膏补缝以避免后期开裂

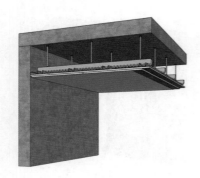

07- 自攻螺钉打钉处需涂抹防锈漆，
石膏板接缝处需贴网格布，披刮
腻子、打磨、涂刷乳胶漆 2~3 遍

4 纸面石膏板暗藏灯带（轻钢龙骨）

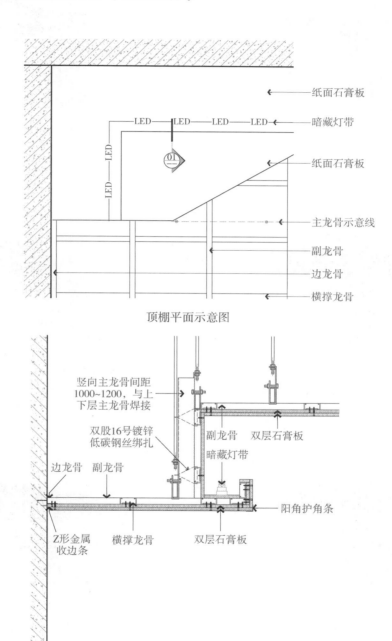

顶棚平面示意图

①顶棚节点详图（轻钢龙骨）

01–原建筑楼板、墙面

02–M8 膨胀螺栓，ϕ8mm 全螺纹吊杆及吊件安装，间距＜1200mm

03–安装 50mm 或 60mm 宽轻钢主龙骨（非上人吊顶可安装 38mm 宽主龙骨）

04–安装 50mm 宽竖向主龙骨，间距 1000~1200mm，并与上下层主龙骨焊接

05–通过挂件安装 50mm 宽副龙骨，间距＜600mm；与墙面固定边龙骨，副龙骨用自攻螺钉与边龙骨固定

06–副龙骨之间需固定 50mm 宽横撑龙骨，常用间距有 400mm、600mm、1200mm

07-造型侧边处需固定 50mm 宽副龙骨，边龙骨下方通过自攻螺钉与墙面固定 Z 形金属收边条

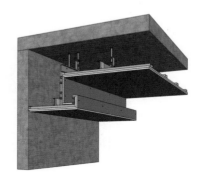

08-双层石膏板通过自攻螺钉与龙骨固定（螺钉间距 150mm），第一层石膏板与第二层石膏板需错缝固定，且第二层石膏板拼接处需要切缝石膏补缝以避免后期开裂，阳角处需增加 L 形护角条

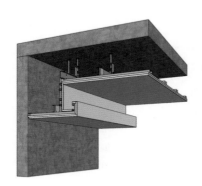

09-自攻螺钉打钉处需涂抹防锈漆，石膏板接缝处需贴网格布，披刮腻子、打磨、涂刷乳胶漆 2~3 遍

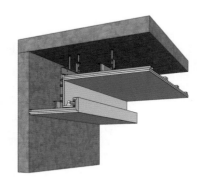

10-安装灯带

5 纸面石膏板暗藏灯带（基层板）

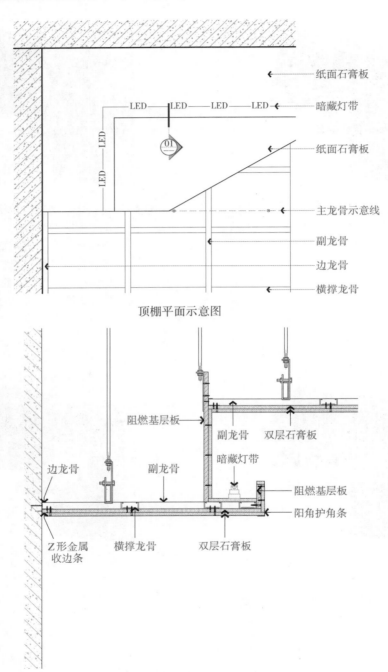

顶棚平面示意图

纸面石膏板

暗藏灯带

纸面石膏板

主龙骨示意线

副龙骨

边龙骨

横撑龙骨

阻燃基层板

副龙骨

双层石膏板

暗藏灯带

阻燃基层板

阳角护角条

边龙骨

副龙骨

Z形金属
收边条

横撑龙骨

双层石膏板

01 顶棚节点详图（基层板）

01－原建筑楼板、墙面

02－M8 膨胀螺栓，φ8mm 全螺纹吊杆及吊件安装，间距＜1200mm

03－安装 50mm 或 60mm 宽轻钢主龙骨，自攻螺钉固定 18mm 厚阻燃基层板

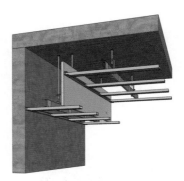

04－通过挂件安装 50mm 宽副龙骨，间距＜600mm；与墙面固定边龙骨，副龙骨用自攻螺钉与边龙骨固定

05-副龙骨之间需固定 50mm 宽横撑龙骨，侧边固定 18mm 厚阻燃基层板

06-边龙骨下方通过自攻螺钉与墙面固定 Z 形金属收边条

07-双层石膏板通过自攻螺钉与龙骨固定（螺钉间距 150mm），第一层石膏板与第二层石膏板需错缝固定，且第二层石膏板拼接处需要切缝石膏补缝以避免后期开裂，阳角处需增加 L 形护角条

08-自攻螺钉打钉处需涂抹防锈漆，石膏板接缝处需贴网格布，披刮腻子、打磨、涂刷乳胶漆 2~3 遍

09-安装灯带

6 纸面石膏板明装窗帘盒（挂轻质窗帘）

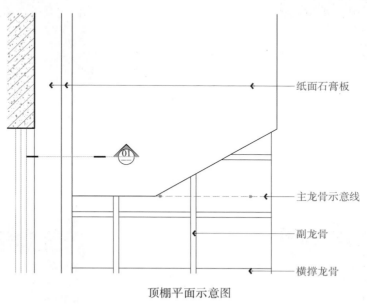

纸面石膏板

主龙骨示意线

副龙骨

横撑龙骨

顶棚平面示意图

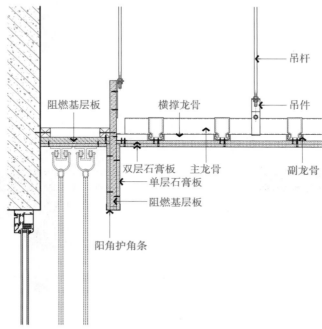

吊杆

吊件

阻燃基层板

横撑龙骨

双层石膏板

主龙骨

单层石膏板

阻燃基层板

副龙骨

阳角护角条

01 顶棚节点详图（挂轻质窗帘）

01– 原建筑楼板、墙面及玻璃窗

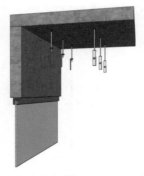

02– M8 膨胀螺栓，φ8mm 全螺纹吊杆及吊件安装，间距＜1200mm

03– 墙面安装 30mm×30mm 阻燃木龙骨，钢钉固定

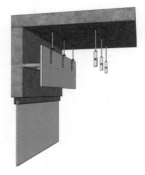

04– 安装 18mm 厚阻燃基层板，自攻螺钉固定

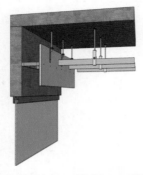

05– 安装 50mm 或 60mm 宽轻钢主龙骨

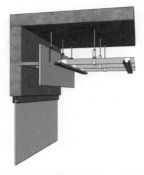

06– 通过挂件安装 50mm 宽副龙骨，间距＜600mm

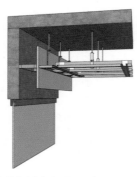

07- 副龙骨之间需固定 50mm 宽横撑龙骨

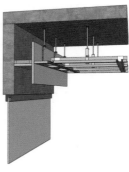

08- 木龙骨下方安装 18mm 厚阻燃基层板，自攻螺钉固定

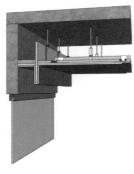

09- 双层石膏板通过自攻螺钉与龙骨固定（螺钉间距 150mm），第一层石膏板与第二层石膏板需错缝固定，且第二层石膏板拼接处需要切缝石膏补缝以避免后期开裂，阳角处需增加 L 形护角条

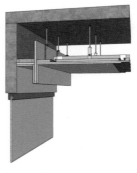

10- 自攻螺钉打钉处需涂抹防锈漆，石膏板接缝处需贴网格布，披刮腻子、打磨、涂刷乳胶漆 2~3 遍

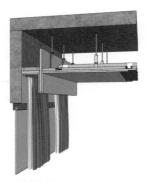

11- 安装轨道及窗帘

7 纸面石膏板明装窗帘盒（挂重型窗帘）

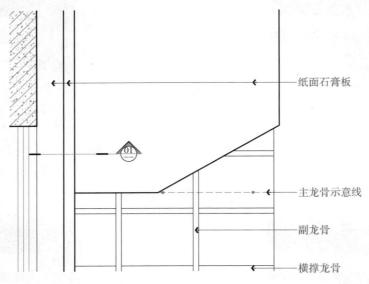

纸面石膏板

主龙骨示意线

副龙骨

横撑龙骨

顶棚平面示意图

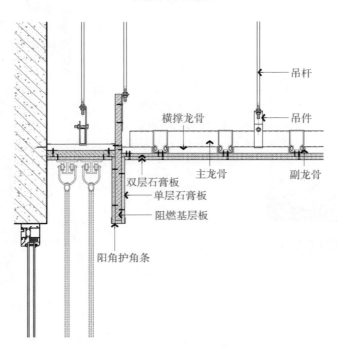

吊杆

横撑龙骨

吊件

双层石膏板

单层石膏板

阻燃基层板

主龙骨

副龙骨

阳角护角条

①顶棚节点详图（挂重型窗帘）

01－原建筑楼板、墙面及玻璃窗

02－M8 膨 胀 螺 栓，ϕ8mm 全螺纹吊杆及吊件安装，间距＜1200mm

03－安装 50mm 或 60mm 宽轻钢主龙骨

04－通过挂件安装 50mm 宽副龙骨，安装边龙骨

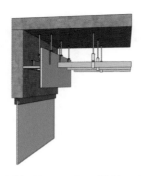

05－安装 18mm 厚阻燃基层板，自攻螺钉固定

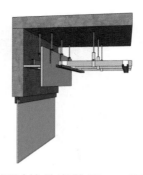

06－通过挂件安装 50mm 宽副龙骨，间距＜600mm

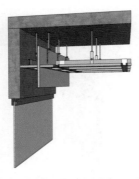

07- 副龙骨之间需固定 50mm 宽横撑龙骨

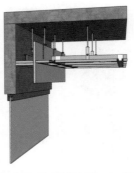

08- 窗帘盒处安装 18mm 厚阻燃基层板，自攻螺钉固定

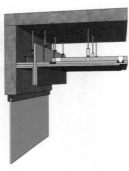

09- 双层石膏板通过自攻螺钉与龙骨固定（螺钉间距 150mm），第一层石膏板与第二层石膏板需错缝固定，且第二层石膏板拼接处需要切缝石膏补缝以避免后期开裂，阳角处需增加 L 形护角条

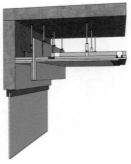

10- 自攻螺钉打钉处需涂抹防锈漆，石膏板接缝处需贴网格布，披刮腻子、打磨、涂刷乳胶漆 2~3 遍

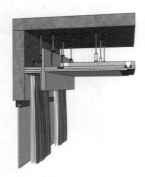

11- 安装轨道及窗帘

8 纸面石膏板暗装窗帘盒（挂轻质窗帘）

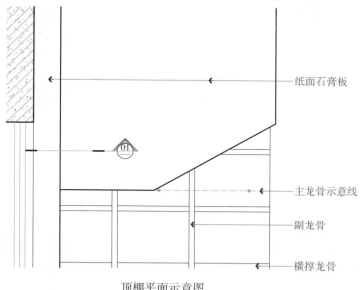

纸面石膏板

主龙骨示意线

副龙骨

横撑龙骨

顶棚平面示意图

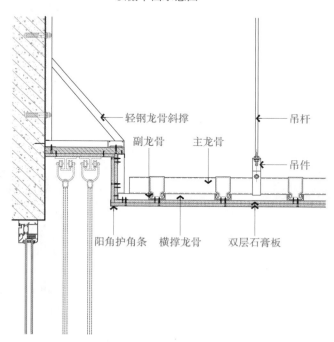

轻钢龙骨斜撑

吊杆

副龙骨　主龙骨

吊件

阳角护角条　横撑龙骨　双层石膏板

①顶棚节点详图（挂轻质窗帘）

01－原建筑楼板、墙面及玻璃窗

02－M8 膨 胀 螺 栓，ϕ8mm 全螺纹吊杆及吊件安装，间距＜1200mm

03－墙面安装 50mm 宽轻钢龙骨，M8 膨胀螺栓固定

04－安装边龙骨及副龙骨，自攻螺钉固定

05－安装轻钢龙骨斜撑，铆钉固定

06－安装 18mm 厚阻燃基层板，自攻螺钉固定

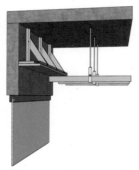

07－安装 50mm 或 60mm 宽轻钢
主龙骨

08－通过挂件安装 50mm 宽副龙骨

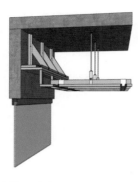

09－副龙骨之间需固定 50mm 宽横
撑龙骨

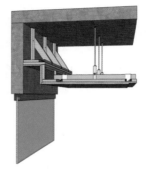

10－双层石膏板通过自攻螺钉与龙骨固定
（螺钉间距 150mm），第一层石膏板与
第二层石膏板需错缝固定，且第二层石
膏板拼接处需要切缝石膏补缝以避免后
期开裂，阳角处需增加 L 形护角条

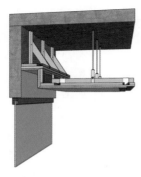

11－自攻螺钉打钉处需涂抹防锈漆，
石膏板接缝处需贴网格布，披刮
腻子、打磨、涂刷乳胶漆 2~3 遍

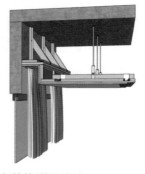

12－安装轨道及窗帘

9 纸面石膏板暗装窗帘盒（挂重型窗帘）

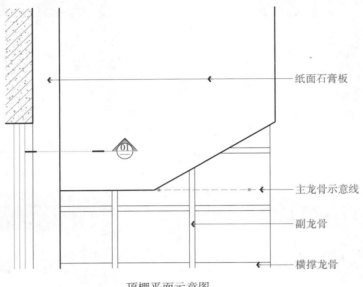

顶棚平面示意图

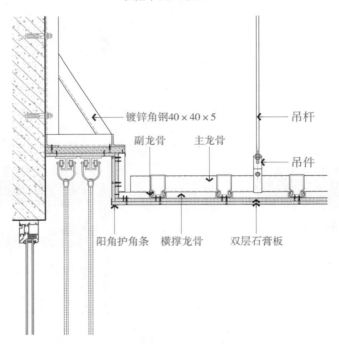

①顶棚节点详图（挂重型窗帘）

01-原建筑楼板、墙面及玻璃窗

02-M8 膨胀螺栓，ϕ8mm 全螺纹吊杆及吊件安装，间距＜1200mm

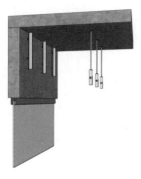

03-墙面安装镀锌角钢 40mm×40mm×5mm，M8 膨胀螺栓固定

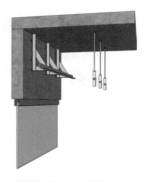

04-焊接横向及斜撑角钢龙骨

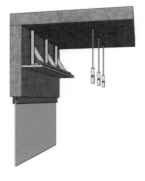

05-安装 18mm 厚阻燃基层板

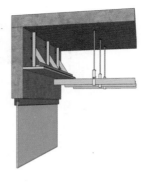

06-安装 50mm 或 60mm 宽轻钢主龙骨

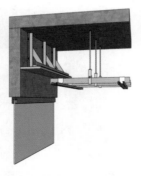

07- 通过挂件安装 50mm 宽副龙骨

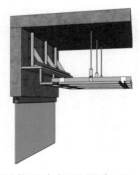

08- 副龙骨之间需固定 50mm 宽横撑龙骨

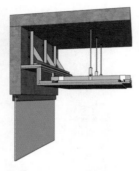

09- 双层石膏板通过自攻螺钉与龙骨固定（螺钉间距 150mm），第一层石膏板与第二层石膏板需错缝固定，且第二层石膏板拼接处需要切缝石膏补缝以避免后期开裂，阳角处需增加 L 形护角条

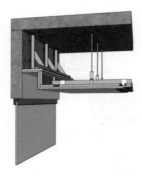

10- 自攻螺钉打钉处需涂抹防锈漆，石膏板接缝处需贴网格布，披刮腻子、打磨、涂刷乳胶漆 2~3 遍

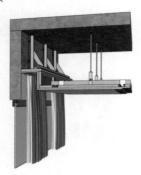

11- 安装轨道及窗帘

10　矿棉板（明龙骨）

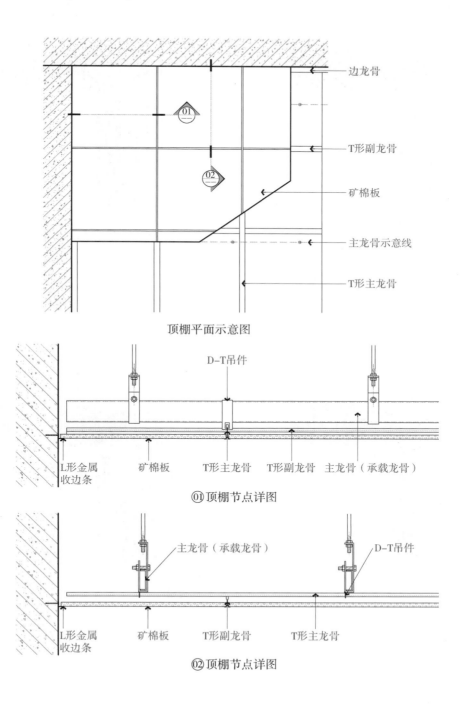

顶棚平面示意图

①顶棚节点详图

②顶棚节点详图

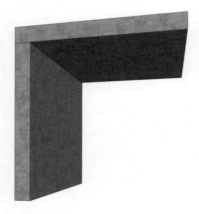

01-原建筑楼板、墙面

02-M8 膨胀螺栓，ϕ8mm 全螺纹吊杆及吊件安装，间距<1200mm

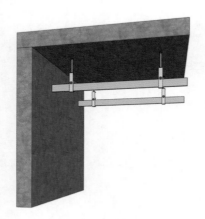

03-安装 50mm 或 60mm 宽轻钢主龙骨

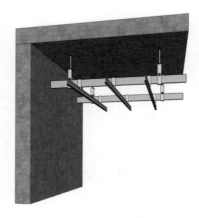

04-安装 T 形主龙骨，通过吊件与主龙骨固定

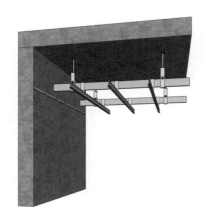

05-墙面安装 L 形金属收边条，自攻
螺钉固定

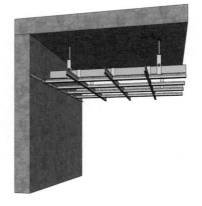

06-安装 T 形副龙骨

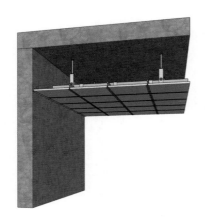

07-安装矿棉板

11 矿棉板（暗龙骨）

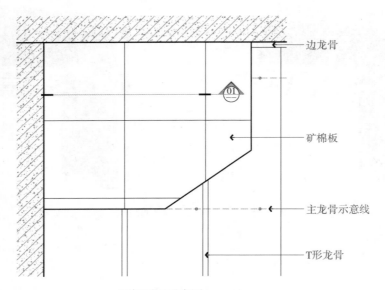

边龙骨

矿棉板

主龙骨示意线

T形龙骨

顶棚平面示意图

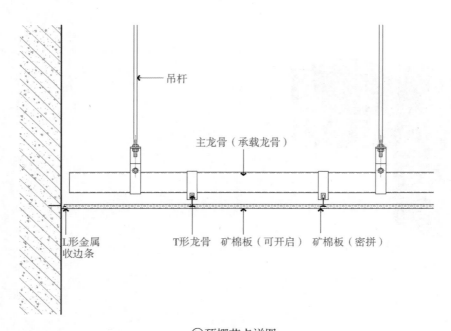

吊杆

主龙骨（承载龙骨）

L形金属
收边条

T形龙骨　矿棉板（可开启）　矿棉板（密拼）

⑴顶棚节点详图

01－原建筑楼板、墙面

02－M8 膨 胀 螺 栓，ϕ 8mm 全螺纹吊杆及吊件安装，间距＜1200mm

03－安装 50mm 或 60mm 宽轻钢主龙骨

04－安装 T 形主龙骨，通过吊件与主龙骨固定

05－墙面安装 L 形金属收边条，自攻螺钉固定

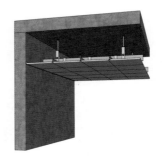

06－安装矿棉板

12　方形铝扣板

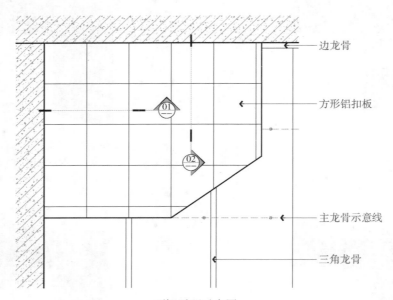

顶棚平面示意图

边龙骨

方形铝扣板

主龙骨示意线

三角龙骨

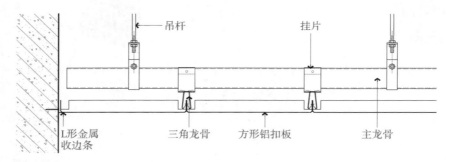

①顶棚节点详图

吊杆　　挂片

L形金属收边条　　三角龙骨　　方形铝扣板　　主龙骨

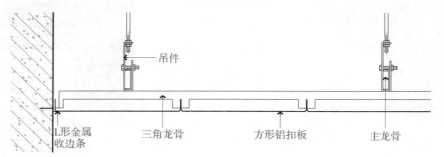

②顶棚节点详图

吊件

L形金属收边条　　三角龙骨　　方形铝扣板　　主龙骨

01- 原建筑楼板、墙面

02- M8 膨 胀 螺 栓，ϕ8mm 全 螺纹吊杆及吊件安装，间 距＜1200mm

03- 安装 50mm 或 60mm 宽轻钢 主龙骨

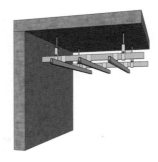

04- 安装三角龙骨，通过挂片与 主龙骨固定

05- 墙面安装 L 形金属收边条，自 攻螺钉固定

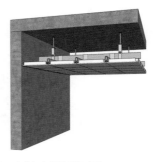

06- 安装方形铝扣板

13　条形铝扣板

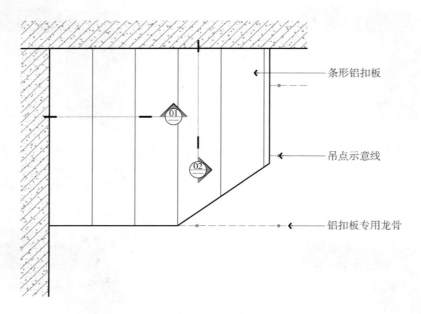

条形铝扣板

吊点示意线

铝扣板专用龙骨

顶棚平面示意图

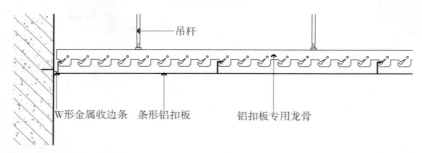

吊杆

W形金属收边条　条形铝扣板　　铝扣板专用龙骨

①顶棚节点详图

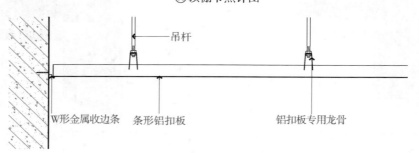

吊杆

W形金属收边条　　条形铝扣板　　　铝扣板专用龙骨

②顶棚节点详图

01- 原建筑楼板、墙面

02- M8 膨胀螺栓，ϕ 8mm 全螺纹
吊杆安装，间距 600~800mm

03- 安装铝扣板专用龙骨，上下通
过螺母与吊杆固定

04- 墙面安装 W 形金属收边条，
自攻螺钉固定

05- 安装条形铝扣板

14 铝方通

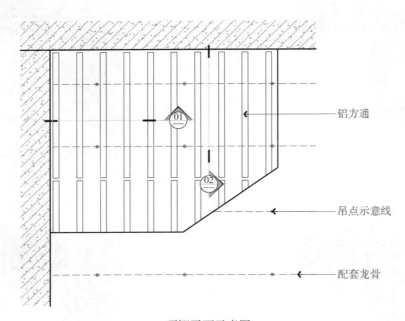

顶棚平面示意图

铝方通

吊点示意线

配套龙骨

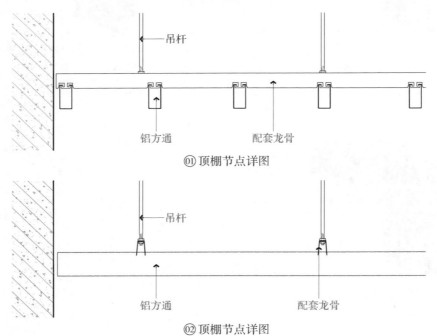

吊杆

铝方通   配套龙骨

①顶棚节点详图

吊杆

铝方通   配套龙骨

②顶棚节点详图

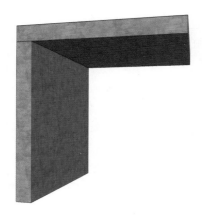

01－原建筑楼板、墙面

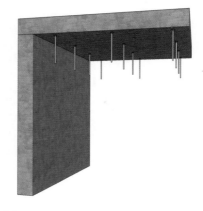

02－M8 膨胀螺栓，ϕ8mm 全螺纹吊杆安装，间距 600~800mm

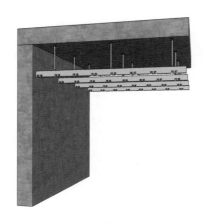

03－安装配套龙骨，上下通过螺母与吊杆固定

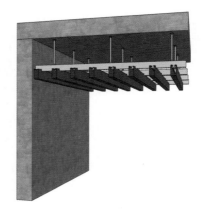

04－安装铝方通

15 铝垂片

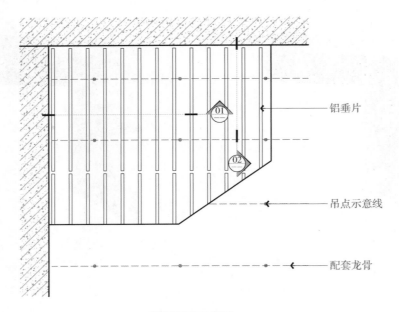

顶棚平面示意图

铝垂片

吊点示意线

配套龙骨

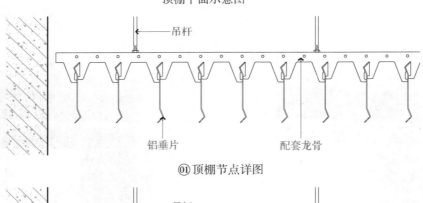

吊杆

铝垂片   配套龙骨

① 顶棚节点详图

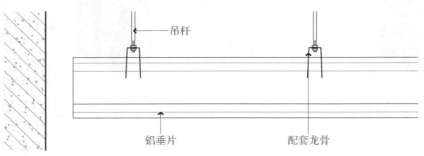

吊杆

铝垂片   配套龙骨

② 顶棚节点详图

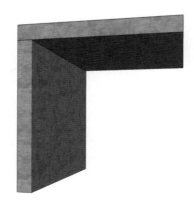

01-原建筑楼板、墙面

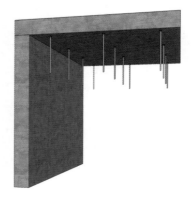

02-M8 膨胀螺栓，φ8mm 全螺纹吊杆安装，间距 600~800mm

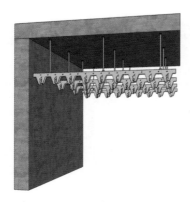

03-安装配套龙骨，上下通过螺母与吊杆固定

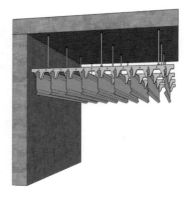

04-安装铝垂片

16 铝格栅

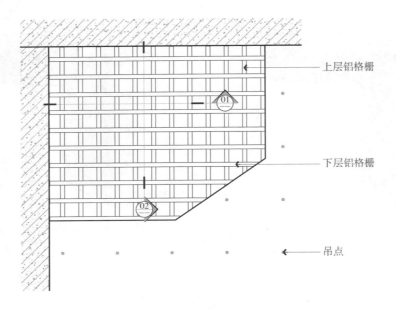

上层铝格栅

下层铝格栅

吊点

顶棚平面示意图

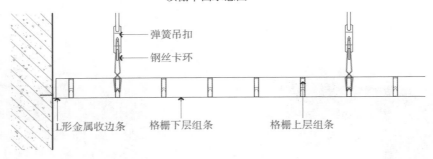

弹簧吊扣

钢丝卡环

L形金属收边条   格栅下层组条   格栅上层组条

①顶棚节点详图

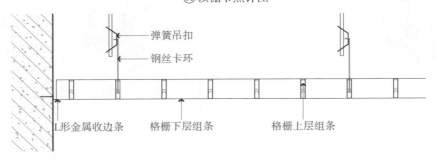

弹簧吊扣

钢丝卡环

L形金属收边条   格栅下层组条   格栅上层组条

②顶棚节点详图

01－原建筑楼板、墙面

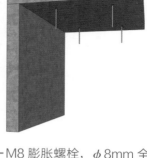

02－M8 膨胀螺栓，ϕ8mm 全螺纹
吊杆安装，间距 600~800mm

03－安装弹簧吊扣及钢丝卡环

04－墙面安装 L 形金属收边条，自
攻螺钉固定

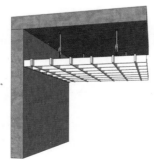

05－安装上下层格栅组条

17　金属单板

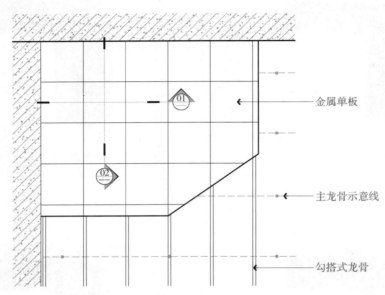

顶棚平面示意图

金属单板

主龙骨示意线

勾搭式龙骨

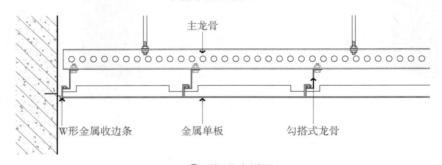

主龙骨

W形金属收边条　　　金属单板　　　勾搭式龙骨

①顶棚节点详图

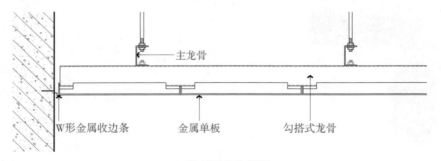

主龙骨

W形金属收边条　　　金属单板　　　勾搭式龙骨

②顶棚节点详图

01-原建筑楼板、墙面

02-M8 膨胀螺栓，ϕ 8mm 全螺纹吊杆安装，间距 600~800mm

03-安装主龙骨，螺栓螺母固定

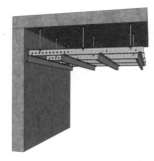

04-安装勾搭式龙骨，螺栓螺母固定

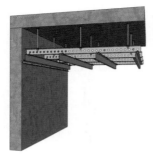

05-墙面安装 W 形金属收边条，自攻螺钉固定

06-安装金属单板

18 软膜顶棚（轻钢龙骨）

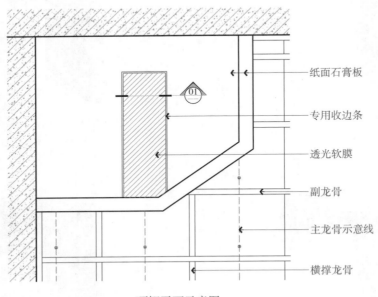

纸面石膏板

专用收边条

透光软膜

副龙骨

主龙骨示意线

横撑龙骨

顶棚平面示意图

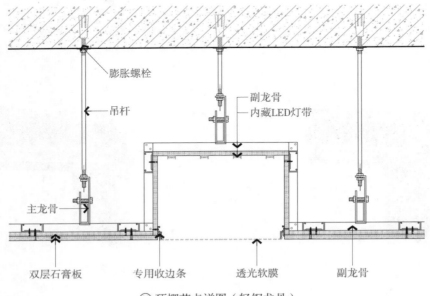

膨胀螺栓

吊杆

副龙骨
内藏LED灯带

主龙骨

双层石膏板　　专用收边条　　透光软膜　　副龙骨

① 顶棚节点详图（轻钢龙骨）

01－原建筑楼板

02－M8 膨胀螺栓，ϕ8mm 全螺纹吊杆及吊件安装，间距＜1200mm

03－安装 50mm 或 60mm 宽轻钢主龙骨

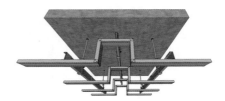

04－通过挂件安装 50mm 宽副龙骨，间距＜600mm

05－副龙骨之间需固定 50mm 宽横撑龙骨，常用间距有 400mm、600mm、1200mm

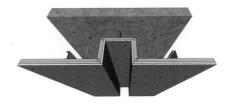

06－双层石膏板通过自攻螺钉与龙骨固定（螺钉间距 150mm），第一层石膏板与第二层石膏板需错缝固定，且第二层石膏板拼接处需要切缝石膏补缝以避免后期开裂，阳角处需增加 L 形护角条

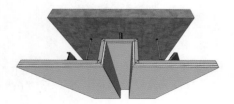

07- 自攻螺钉打钉处需涂抹防锈漆，石膏板接缝处需贴网格布，披刮腻子、打磨、涂刷乳胶漆 2~3 遍

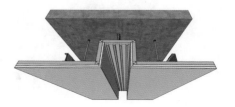

08- 安装 LED 发光灯带

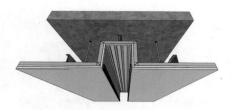

09- 造型侧边安装专用收边条，自攻螺钉固定

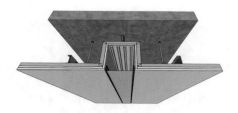

10- 安装透光软膜

19 软膜顶棚（基层板）

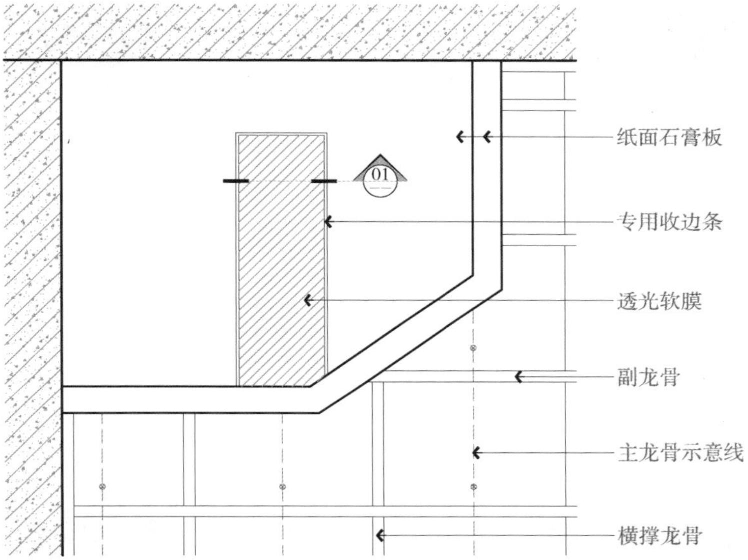
01
纸面石膏板
专用收边条
透光软膜
副龙骨
主龙骨示意线
横撑龙骨

顶棚平面示意图

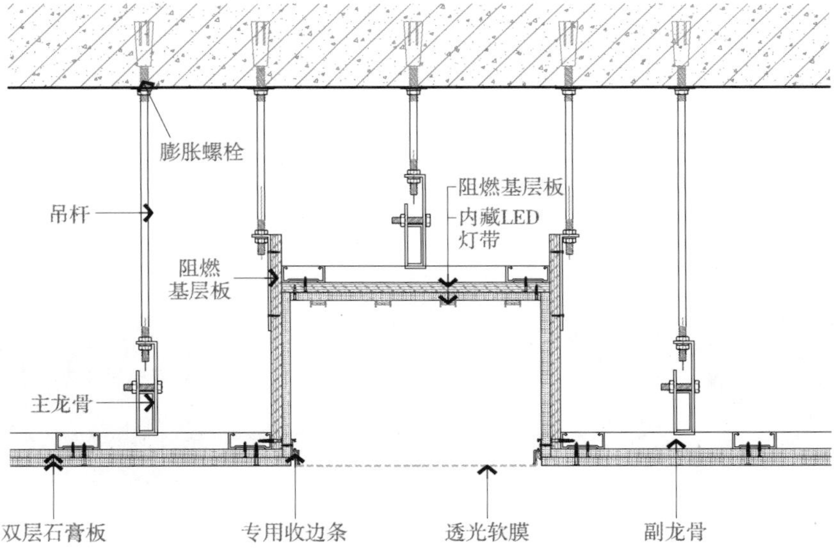
膨胀螺栓
吊杆
阻燃基层板
内藏LED
灯带
阻燃
基层板
主龙骨
双层石膏板
专用收边条
透光软膜
副龙骨

01顶棚节点详图（基层板）

01－原建筑楼板

02－M8 膨胀螺栓，ϕ8mm 全螺纹吊杆及吊件安装，间距<1200mm

03－安装 50mm 或 60mm 宽轻钢主龙骨

04－通过挂件安装 50mm 宽副龙骨，间距<600mm

05－安装 18mm 厚阻燃基层板，自攻螺钉固定

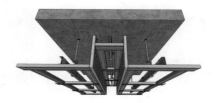

06－副龙骨之间固定 50mm 宽横撑龙骨

07-双层石膏板通过自攻螺钉与龙骨固定（螺钉间距 150mm），第一层石膏板与第二层石膏板需错缝固定，且第二层石膏板拼接处需要切缝石膏补缝以避免后期开裂，阳角处需增加 L 形护角条

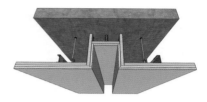

08-自攻螺钉打钉处需涂抹防锈漆，石膏板接缝处需贴网格布，披刮腻子、打磨、涂刷乳胶漆 2~3 遍

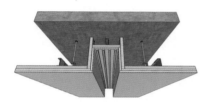

09-安装 LED 发光灯带

10-造型侧边安装专用收边条，自攻螺钉固定

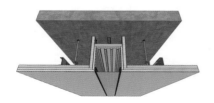

11-安装透光软膜

20 透光亚克力板

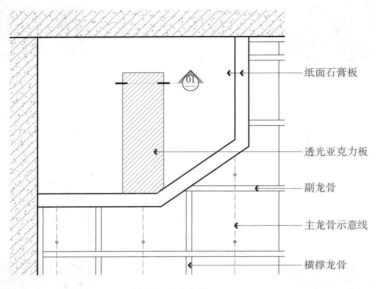

纸面石膏板

透光亚克力板

副龙骨

主龙骨示意线

横撑龙骨

顶棚平面示意图

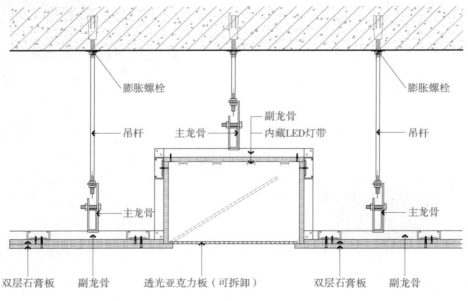

膨胀螺栓

膨胀螺栓

吊杆

主龙骨

副龙骨

内藏LED灯带

吊杆

主龙骨

主龙骨

双层石膏板

副龙骨

透光亚克力板（可拆卸）

双层石膏板

副龙骨

⑪顶棚节点详图

01-原建筑楼板

02-M8 膨胀螺栓，φ8mm 全螺纹吊杆及吊件安装，间距<1200mm

03-安装 50mm 或 60mm 宽轻钢主龙骨

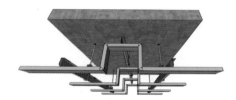

04-通过挂件安装 50mm 宽副龙骨，间距<600mm

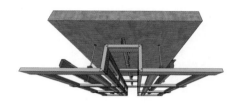

05-副龙骨之间需固定 50mm 宽横撑龙骨，常用间距有 400mm、600mm、1200mm

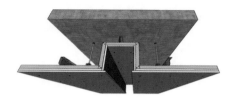

06-双层石膏板通过自攻螺钉与龙骨固定（螺钉间距 150mm），第一层石膏板与第二层石膏板需错缝固定，且第二层石膏板拼接处需要切缝石膏补缝以避免后期开裂

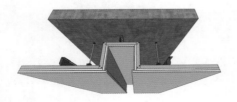

07–自攻螺钉打钉处需涂抹防锈漆，石膏板接缝处需贴网格布，披刮腻子、打磨、涂刷乳胶漆 2~3 遍

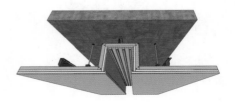

08–安装 LED 发光灯带

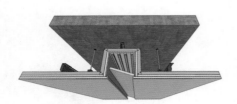

09–安装透光亚克力板

墙面工艺节点设计与施工

二、

1 轻钢龙骨石膏板隔墙

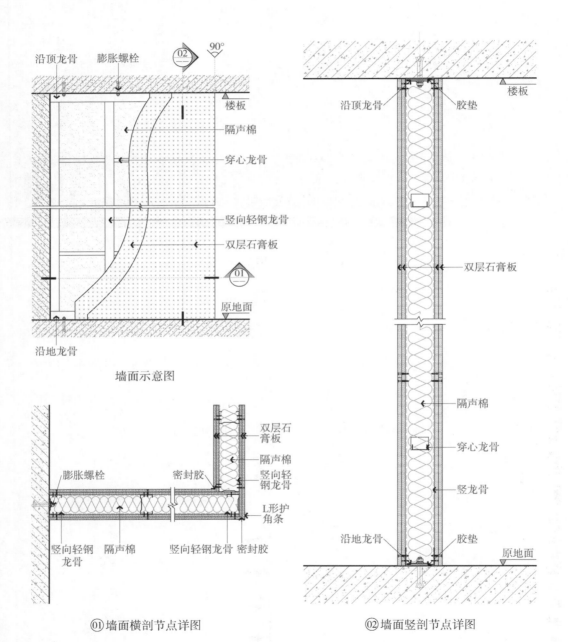

墙面示意图

①墙面横剖节点详图

②墙面竖剖节点详图

01－原建筑楼板、墙面

02－M8 膨胀螺栓固定天、
地龙骨及墙面边龙骨
（天地龙骨与楼板之间
增加胶垫）

03－安装竖向龙骨，间
距 ≤ 400mm

04－安装穿心龙骨，间
距 ≤ 1000mm

05-内嵌防火隔声棉（容重
需符合国家标准）

06-用自攻螺钉固定纸面石
膏板，阴阳角相交处用
密封胶补缝（第一层石
膏板与第二层石膏板需
错缝固定）

07-阳角处需增加 L 形护角
条避免后期开裂

08-石膏补缝、贴网格布；
披刮腻子 2~3 遍，打磨；
涂刷乳胶漆 2~3 遍

2　混凝土墙干挂石材

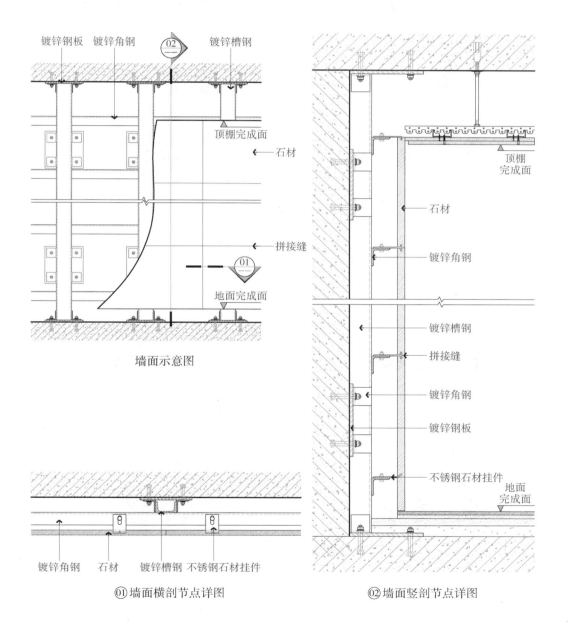

墙面示意图

① 墙面横剖节点详图

② 墙面竖剖节点详图

01-原建筑楼板、墙面

02-墙面安装 200mm × 200mm × 10mm 镀锌钢板、50mm × 50mm × 5mm 镀锌角钢，M8 膨胀螺栓固定

03-原楼板及原地面安装 200mm × 200mm × 10mm 镀锌钢板、50mm × 50mm × 5mm 镀锌角钢，M8 膨胀螺栓固定

04-以焊接的方式固定 80mm × 40mm × 5mm 镀锌槽钢

05-50mm×50mm×5mm
镀锌角钢与槽钢焊接

06-安装可调节不锈钢石材
挂件，螺栓螺母固定

07-墙面干挂石材

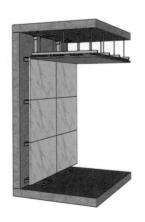

08-顶棚石膏板完成面饰面

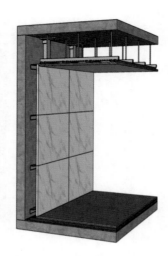

09-地面铺装饰面

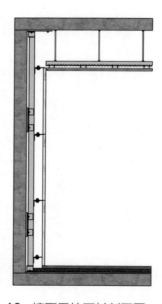

10-墙面干挂石材剖面图

3 混凝土墙干挂瓷砖（金属挂件）

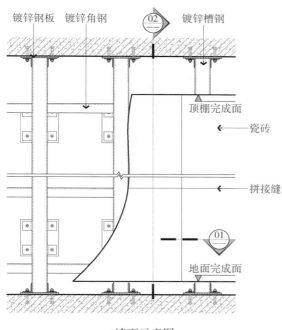

墙面示意图

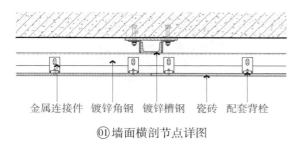

①墙面横剖节点详图

②墙面竖剖节点详图

01- 原建筑楼板、墙面

02- 墙面安装 200mm × 200mm × 10mm 镀锌钢板、50mm × 50mm × 5mm 镀锌角钢，M8 膨胀螺栓固定

03- 原楼板及原地面安装 200mm × 200mm × 10mm 镀锌钢板、50mm × 50mm × 5mm 镀锌角钢，M8 膨胀螺栓固定

04- 以焊接的方式固定 80mm × 40mm × 5mm 镀锌槽钢

05- 50mm×50mm×5mm
镀锌角钢与槽钢焊接

06- 安装可调节金属连接
件，螺栓螺母固定

07- 瓷砖背面需固定金属
上、下挂件与金属连接
件固定

08- 顶棚石膏板完成面饰面

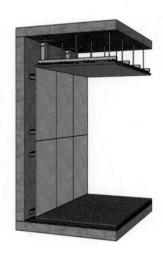

09- 地面铺装饰面

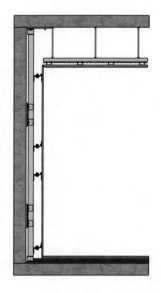

10- 墙面干挂瓷砖（金属挂件）剖面图

4 混凝土墙干挂瓷砖（背贴石材块）

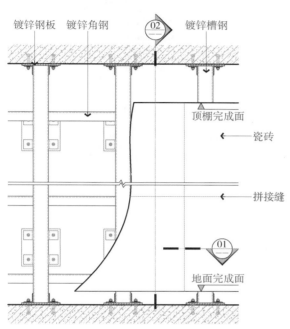

墙面示意图

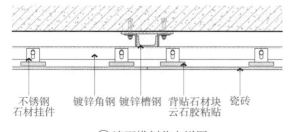

①墙面横剖节点详图

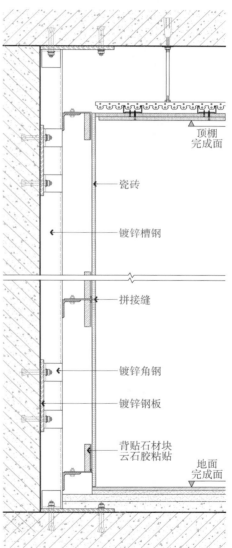

②墙面竖剖节点详图

01-原建筑楼板、墙面

02-墙面安装 200mm × 200mm × 10mm
镀锌钢板、50mm × 50mm × 5mm 镀
锌角钢，M8 膨胀螺栓固定

03-原 楼 板 及 原 地 面 安 装 200mm ×
200mm × 10mm 镀锌钢板、50mm ×
50mm×5mm 镀锌角钢，M8 膨胀螺栓
固定

04-以焊接的方式固定 80mm × 40mm ×
5mm 镀锌槽钢

05- 50mm×50mm×5mm
镀锌角钢与槽钢焊接

06- 安装可调节不锈钢石材
挂件，螺栓螺母固定

07- 瓷砖背面用云石胶粘贴石材
块与石材挂件固定

08- 顶棚石膏板完成面饰面

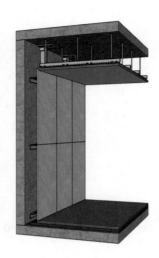

09–地面铺装饰面

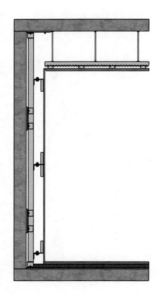

10–墙面干挂瓷砖（背贴石材块）剖面图

5 混凝土墙干挂木饰面（粘贴）

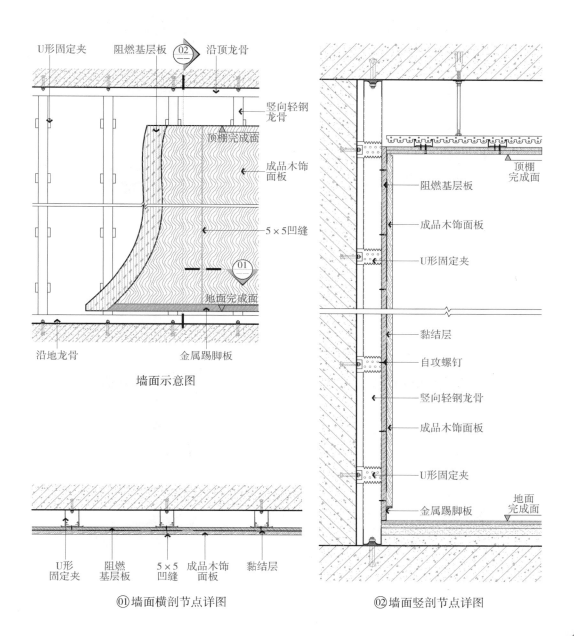

墙面示意图

①墙面横剖节点详图

②墙面竖剖节点详图

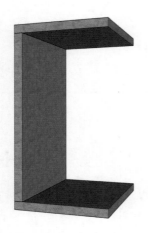

01–原建筑楼板、墙面

02–安装 U 形夹龙骨，间距 400mm，M8 膨胀螺栓固定

03–M8 膨胀螺栓固定天、地龙骨（天、地龙骨与楼板之间增加胶垫）

04–安装 50mm 宽竖向龙骨，自攻螺钉固定

05-安装阻燃基层板，自攻
　　螺钉固定

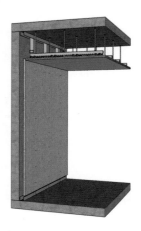

06-顶棚石膏板完成面饰面

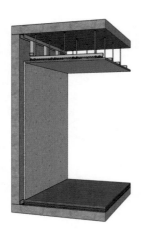

07-地面铺装饰面

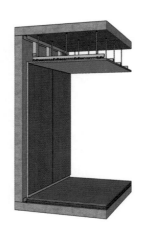

08-安装墙面木饰面，木
　　饰面板背打胶与基层
　　板固定

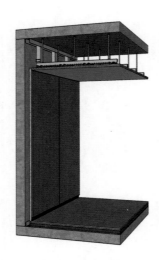

09-安装金属踢脚板，背面
打胶固定

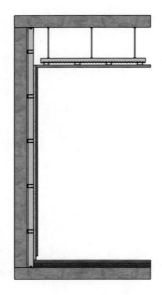

10-墙面干挂木饰面（粘贴）剖面图

6 混凝土墙干挂木饰面（金属挂件）

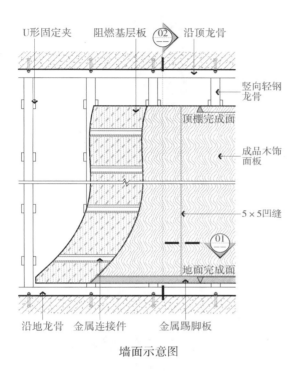

墙面示意图

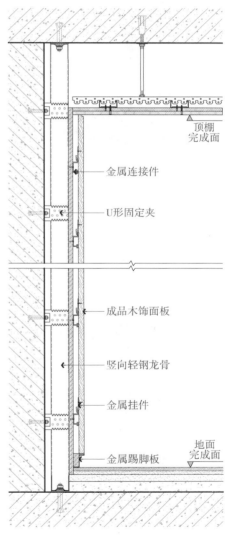

①墙面横剖节点详图

②墙面竖剖节点详图

01-原建筑楼板、墙面

02-安装 U 形夹龙骨，间距
400mm，M8 膨胀螺栓
固定

03-M8 膨胀螺栓固定天、
地龙骨（天、地龙骨与
楼板之间增加胶垫）

04-安装 50mm 宽竖向龙
骨，自攻螺钉固定

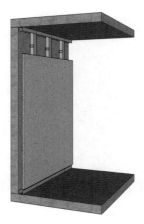

05-安装阻燃基层板，自攻
螺钉固定

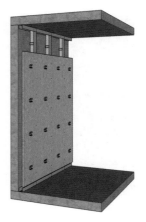

06-安装金属连接件与基层
板固定

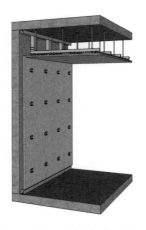

07-顶棚石膏板完成面饰面

08-地面铺装饰面

09− 踢脚板处安装阻燃基层
板，自攻螺钉固定

10− 安装成品木饰面板，木饰
面板背面需固定金属挂件

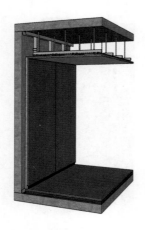

11− 安装金属踢脚板，背
面打胶固定

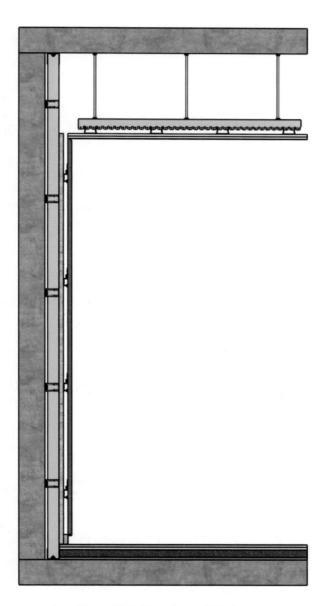

12- 墙面干挂木饰面（金属挂件）剖面图

7 混凝土墙干挂木饰面（木挂条）

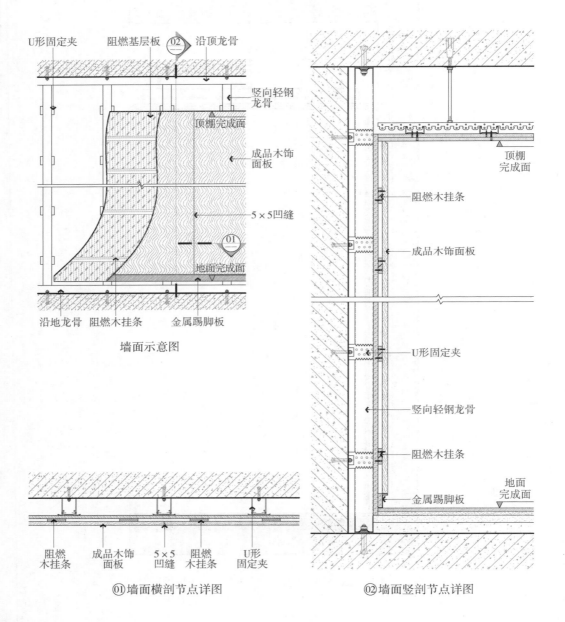

墙面示意图

①墙面横剖节点详图   ②墙面竖剖节点详图

01- 原建筑楼板、墙面

02- 安装 U 形夹龙骨，间
距 400mm，M8 膨 胀
螺栓固定

03- M8 膨胀螺栓固定天、
地龙骨（天、地龙骨与
楼板之间增加胶垫）

04- 安装 50mm 宽竖向龙
骨，自攻螺钉固定

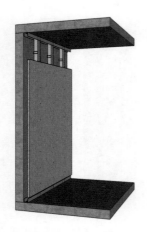

05-安装阻燃基层板，自攻
　　螺钉固定

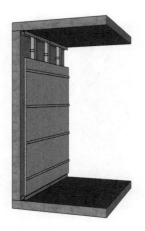

06-安装阻燃木挂条，自攻
　　螺钉固定

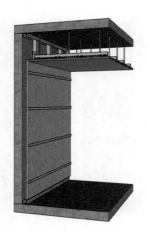

07-顶棚石膏板完成面饰面

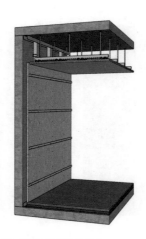

08-地面铺装饰面

09- 踢脚板处安装阻燃基层
板，自攻螺钉固定

10- 安装成品木饰面板，木饰
面板需固定阻燃木挂条

11- 安装金属踢脚板，背面
打胶固定

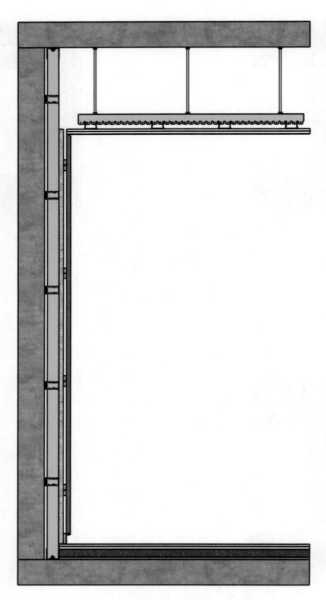

12–墙面干挂木饰面（木挂条）剖面图

8 混凝土墙—墙面软包

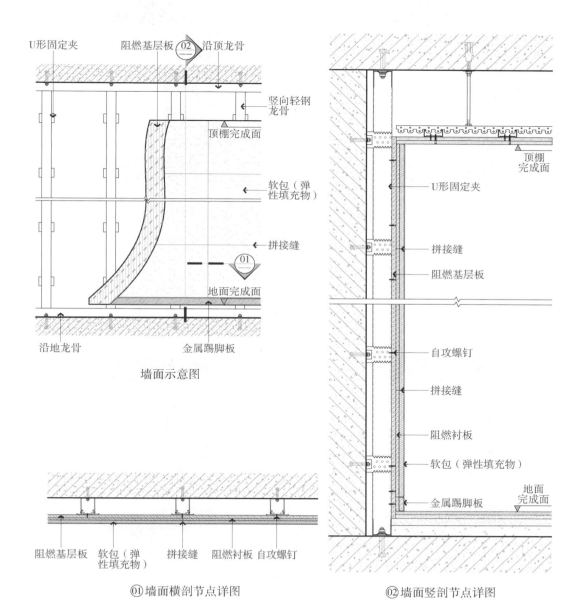

U形固定夹   阻燃基层板 ② 沿顶龙骨

竖向轻钢龙骨

顶棚完成面

软包（弹性填充物）

拼接缝

①

地面完成面

沿地龙骨   金属踢脚板

墙面示意图

顶棚完成面

U形固定夹

拼接缝

阻燃基层板

自攻螺钉

拼接缝

阻燃衬板

软包（弹性填充物）

地面完成面

金属踢脚板

阻燃基层板 软包（弹性填充物） 拼接缝 阻燃衬板 自攻螺钉

① 墙面横剖节点详图

② 墙面竖剖节点详图

01- 原建筑楼板、墙面

02- 安装 U 形夹龙骨，间
距 400mm，M8 膨胀
螺栓固定

03- M8 膨胀螺栓固定天、
地龙骨（天、地龙骨与
楼板之间增加胶垫）

04- 安装 50mm 宽竖向龙
骨，自攻螺钉固定

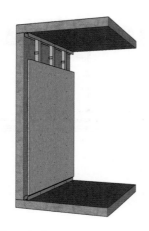

05-安装阻燃基层板，自攻
　　螺钉固定

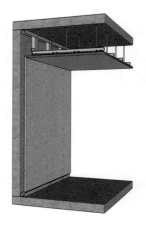

06-顶棚石膏板完成面饰面

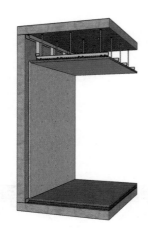

07-地面铺装饰面

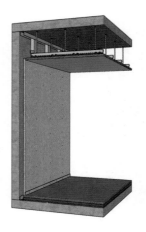

08-踢脚板处安装阻燃基层
　　板，自攻螺钉固定

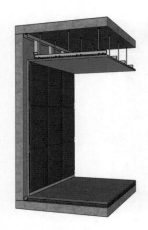

09- 安装软包，背面打胶与基层板固定

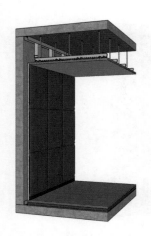

10- 安装金属踢脚板，背面打胶固定

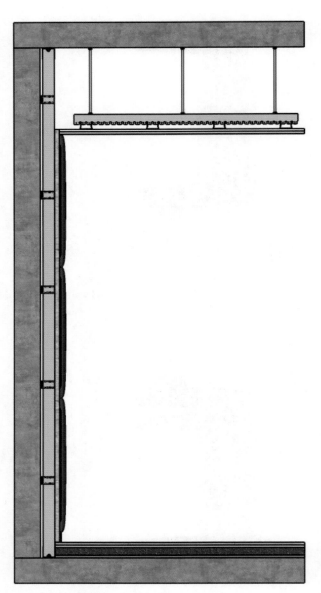

11- 墙面软包剖面图

9 混凝土墙—墙面硬包

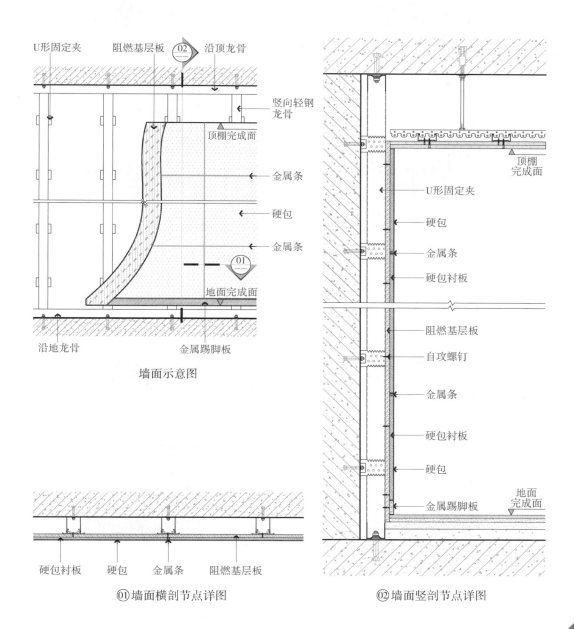

墙面示意图

硬包衬板　硬包　金属条　阻燃基层板

①墙面横剖节点详图

②墙面竖剖节点详图

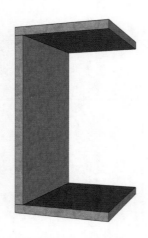

01–原建筑楼板、墙面

02–安装 U 形夹龙骨，间距 400mm，M8 膨胀螺栓固定

03–M8 膨胀螺栓固定天、地龙骨（天、地龙骨与楼板之间增加胶垫）

04–安装 50mm 宽竖向龙骨，自攻螺钉固定

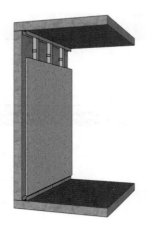

05-安装阻燃基层板，自攻
螺钉固定

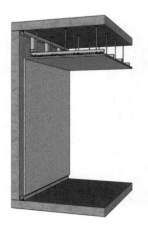

06-顶棚石膏板完成面饰面

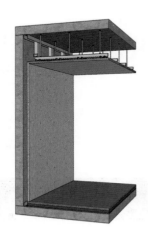

07-地面铺装饰面

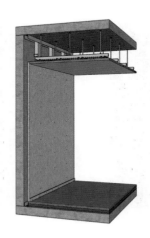

08-踢脚板处安装阻燃基层
板，自攻螺钉固定

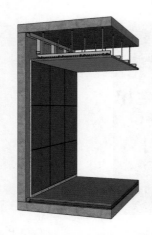

09–安装硬包，背面打胶与
基层板固定

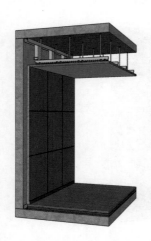

10–安装金属踢脚板，背面
打胶固定

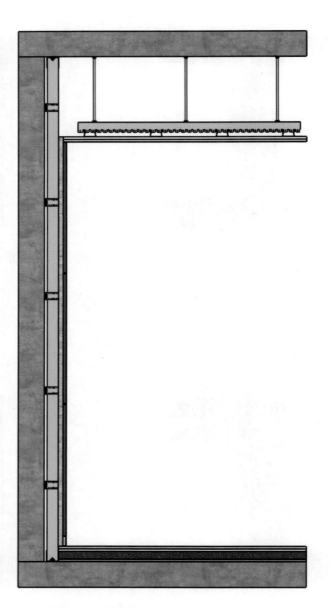

11–墙面硬包剖面图

10 混凝土墙干挂金属单板

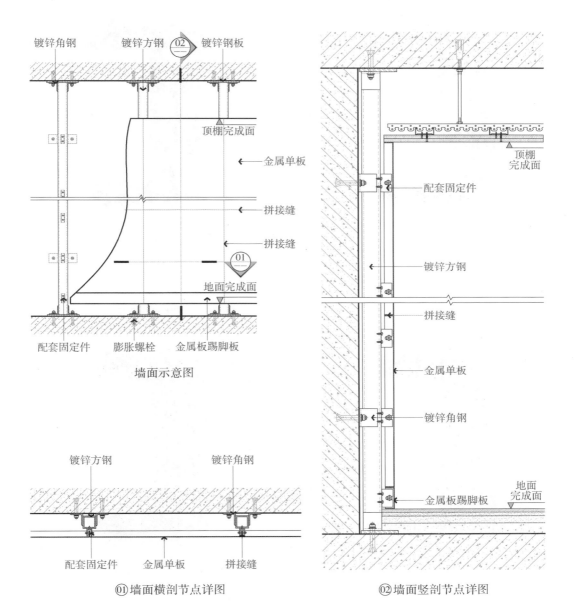

墙面示意图

镀锌角钢　镀锌方钢　02　镀锌钢板

顶棚完成面

金属单板

拼接缝

拼接缝

01

地面完成面

配套固定件　膨胀螺栓　金属板踢脚板

配套固定件

顶棚完成面

镀锌方钢

拼接缝

金属单板

镀锌角钢

地面完成面

金属板踢脚板

镀锌方钢　　　　　镀锌角钢

配套固定件　金属单板　拼接缝

①墙面横剖节点详图　　　　②墙面竖剖节点详图

01-原建筑楼板、墙面

02-安装50mm×50mm×
5mm 镀锌角钢，M8
膨胀螺栓固定

03-原楼板及原地面安装
100mm×100mm×10mm
镀锌钢板、50mm×50mm×
5mm 镀锌角钢，M8 膨
胀螺栓固定

04-以焊接的方式固定
50mm×50mm×5mm
镀锌方钢

05-安装配套固定件，自攻
螺钉固定

06-顶棚石膏板完成面饰面

07-地面铺装饰面

08-安装金属单板

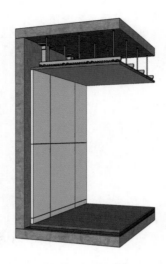

09-安装金属单板踢脚板

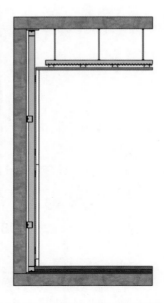

10-墙面干挂金属单板剖面图

11　混凝土墙干挂金属复合板

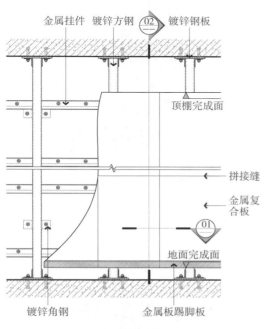

墙面示意图

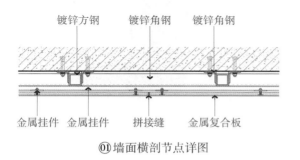

①墙面横剖节点详图

②墙面竖剖节点详图

01-原建筑楼板、墙面

02-安装 50mm×50mm×
5mm 镀锌角钢，M8 膨
胀螺栓固定

03-原楼板及原地面安装 100mm×
100mm×10mm 镀锌钢板、50mm×
50mm×5mm 镀锌角钢，M8 膨
胀螺栓固定

04-以焊接的方式固定
50mm×50mm×5mm
镀锌方钢

05-方钢之间焊接固定 50mm×
50mm×5mm 镀锌角钢

06-安装可调节金属挂件，
螺栓螺母固定

07-顶棚石膏板完成面饰面

08-地面铺装饰面

09- 踢脚板处安装阻燃基层
板，自攻螺钉固定

10- 安装金属复合板，背面
需固定金属挂件

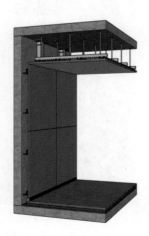

11- 安装金属板踢脚板，背
面打胶固定

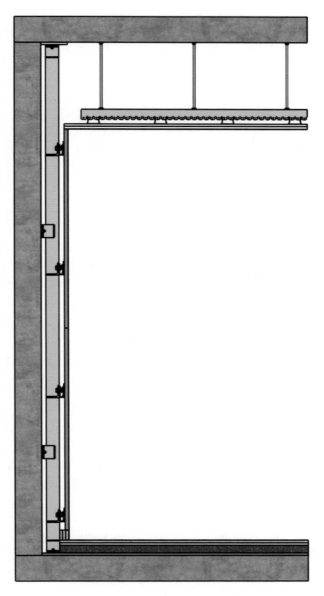

12- 墙面干挂金属复合板剖面图

12 混凝土墙干挂烤漆玻璃（粘贴）

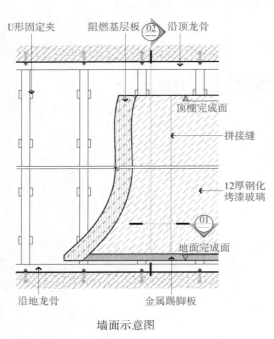

墙面示意图

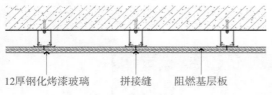

①墙面横剖节点详图　　　　　　　　②墙面竖剖节点详图

01-原建筑楼板、墙面

02-安装 U 形夹龙骨，间距 400mm，M8 膨胀螺栓固定

03-M8 膨胀螺栓固定天、地龙骨（天、地龙骨与楼板之间增加胶垫）

04-安装 50mm 宽竖向龙骨，自攻螺钉固定

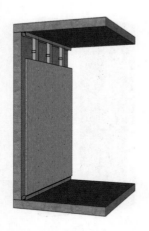

05-安装阻燃基层板，自攻
螺钉固定

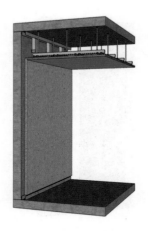

06-顶棚石膏板完成面饰面

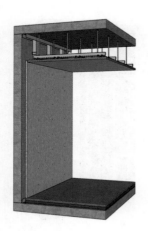

07-地面铺装饰面

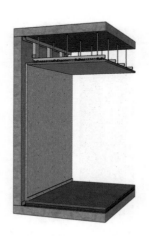

08-踢脚板处安装阻燃基层
板，自攻螺钉固定

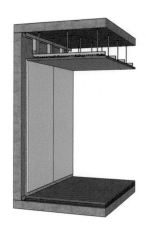

09- 安装 12mm 厚白色烤
漆玻璃，背打胶与基层
板固定

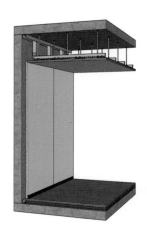

10- 安装金属踢脚板，背面
打胶固定

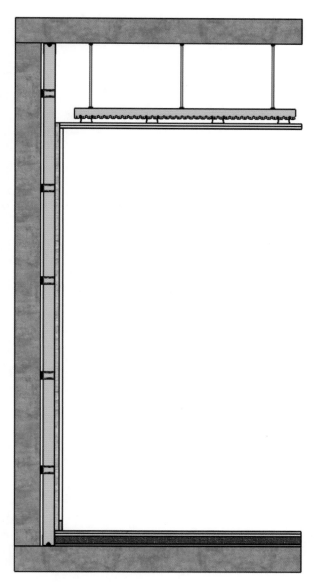

11- 墙面干挂烤漆玻璃（粘贴）剖面图

13　无边框玻璃隔断

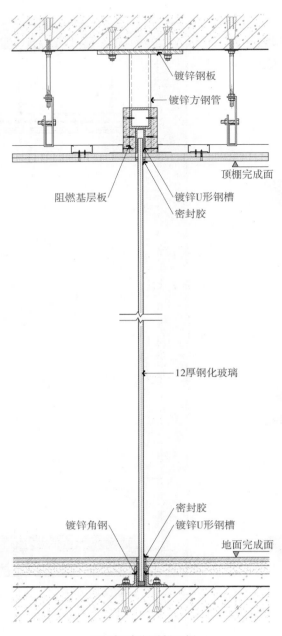

镀锌钢板

镀锌方钢管

顶棚完成面

阻燃基层板

镀锌U形钢槽

密封胶

12厚钢化玻璃

密封胶

镀锌角钢

镀锌U形钢槽

地面完成面

无边框玻璃隔断竖剖

01– 原建筑楼板、地面

02– 通过 M8 膨胀螺栓与楼板固定 150mm × 150mm × 8mm 镀锌钢板

03– 竖向镀锌 50mm × 50mm × 5mm 方钢管与镀锌钢板焊接

04– 焊接横向镀锌 50mm × 50mm × 5mm 方钢管

05– 与横向镀锌方钢管固定镀锌 U 形钢槽

06– 自攻螺钉固定阻燃基层板

07-顶棚乳胶漆完成面

08-原楼板地面M8
膨胀螺栓固定
50mm×50mm×
5mm镀锌角钢

09-角钢之间固定镀锌
U形钢槽

10-地面铺贴完成面

11-安装12mm厚钢化
玻璃隔墙，与顶棚、
地面交接处需打密
封胶

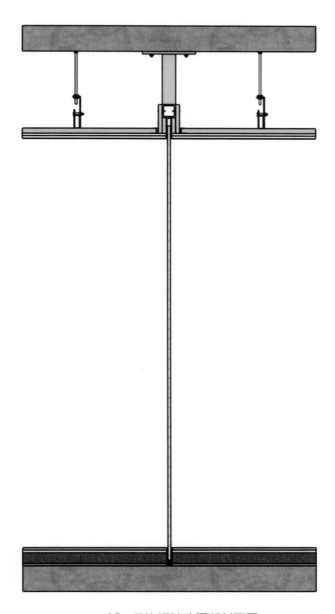

12- 无边框玻璃隔断剖面图

14 墙面瓷砖湿贴—混凝土墙体

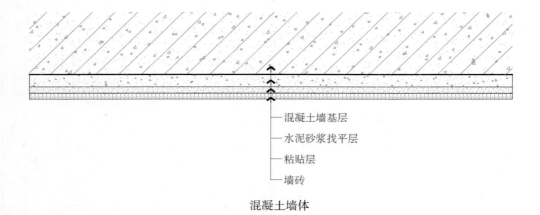

混凝土墙基层

水泥砂浆找平层

粘贴层

墙砖

混凝土墙体

01-原建筑墙面

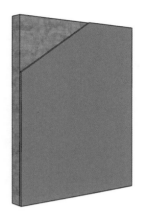

02-水泥砂浆找平层

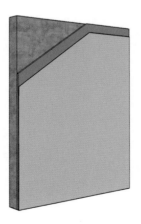

03-瓷砖粘贴层

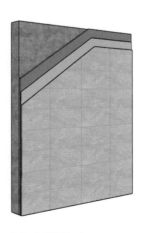

04-铺贴墙砖

15 墙面瓷砖湿贴—砌块砖墙体

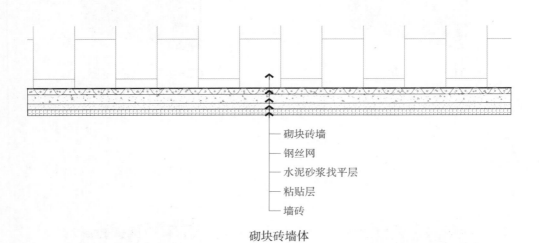

砌块砖墙
钢丝网
水泥砂浆找平层
粘贴层
墙砖

砌块砖墙体

01－砌块砖墙体

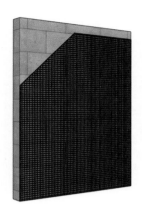

02－墙面固定钢丝网

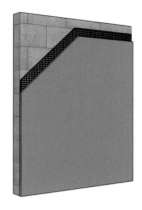

03－水泥砂浆找平层

04－瓷砖粘贴层

05－铺贴墙砖

16　墙面瓷砖湿贴—轻钢龙骨墙体

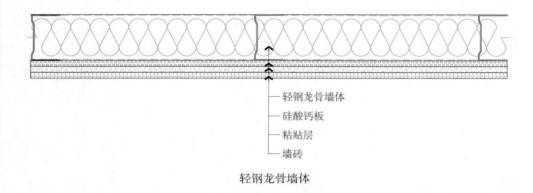

—— 轻钢龙骨墙体
—— 硅酸钙板
—— 粘贴层
—— 墙砖

轻钢龙骨墙体

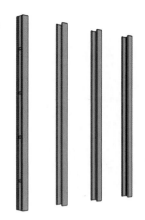

01-安装竖向龙骨，间
距≤400mm

02-安装穿心龙骨，间
距≤1000mm

03-竖龙骨之间嵌满防
火隔声岩棉（容重
需符合国家标准）

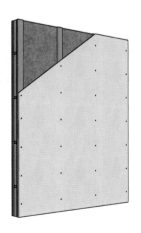

04-硅酸钙板通过自攻
螺钉与竖龙骨固定
（螺钉间距150mm）

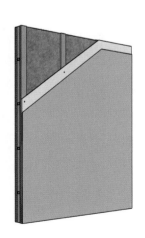

05-瓷砖粘贴层

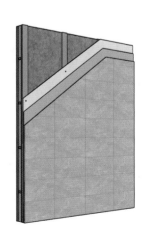

06-铺贴墙砖

17 墙面壁纸（壁布）—混凝土墙体

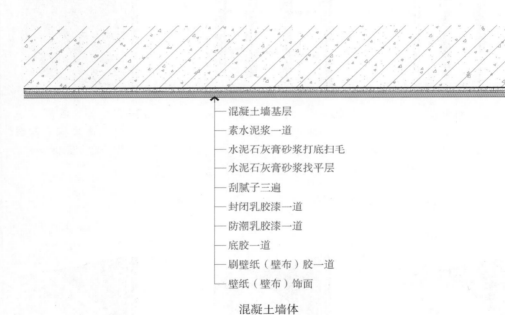

— 混凝土墙基层
— 素水泥浆一道
— 水泥石灰膏砂浆打底扫毛
— 水泥石灰膏砂浆找平层
— 刮腻子三遍
— 封闭乳胶漆一道
— 防潮乳胶漆一道
— 底胶一道
— 刷壁纸（壁布）胶一道
— 壁纸（壁布）饰面

混凝土墙体

01- 原建筑墙面

02- 素水泥浆一道

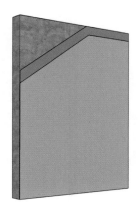

03- 水泥石灰膏砂浆
打底扫毛

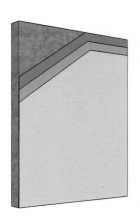

04- 水泥石灰膏砂
浆找平层

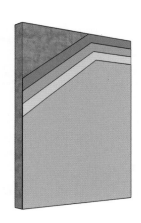

05- 刮腻子三遍

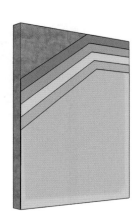

06- 封闭乳胶漆一道

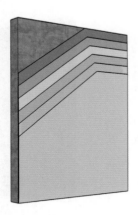

07-防潮乳胶漆一道

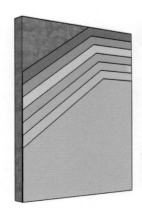

08-底胶一道

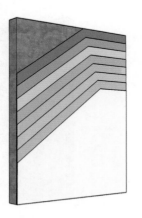

09-刷壁纸（壁布）胶一道

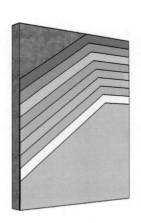

10-壁纸（壁布）饰面

18 墙面壁纸（壁布）—砌块砖墙体

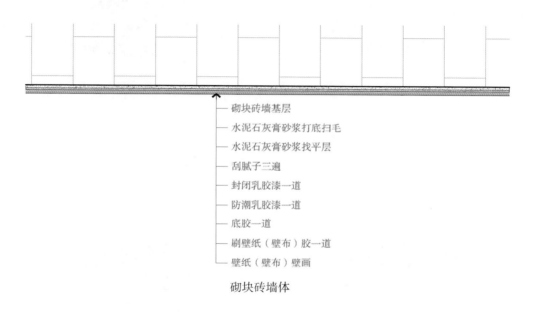

— 砌块砖墙基层

— 水泥石灰膏砂浆打底扫毛

— 水泥石灰膏砂浆找平层

— 刮腻子三遍

— 封闭乳胶漆一道

— 防潮乳胶漆一道

— 底胶一道

— 刷壁纸（壁布）胶一道

— 壁纸（壁布）壁画

砌块砖墙体

01-砌块砖墙体

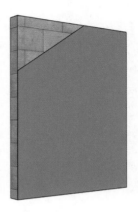

02-水泥石灰膏砂浆
打底扫毛

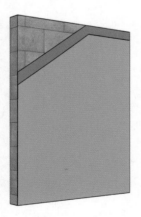

03-水泥石灰膏砂浆
找平层

04-刮腻子三遍

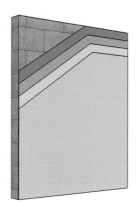

05-封闭乳胶漆一道

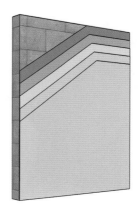

06-防潮乳胶漆一道

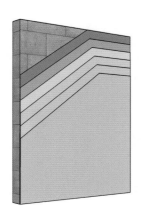

07-底胶一道

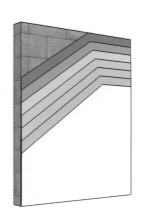

08-刷壁纸（壁布）胶一道

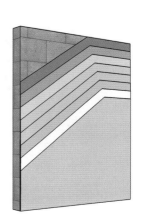

09-壁纸（壁布）饰面

19 墙面壁纸（壁布）—轻钢龙骨墙体

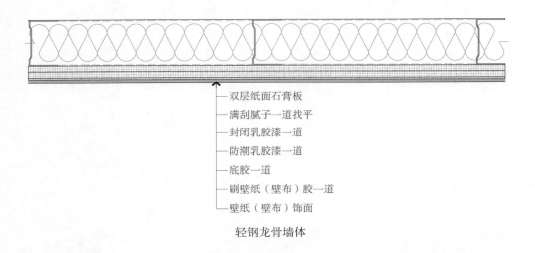

双层纸面石膏板
满刮腻子一道找平
封闭乳胶漆一道
防潮乳胶漆一道
底胶一道
刷壁纸（壁布）胶一道
壁纸（壁布）饰面

轻钢龙骨墙体

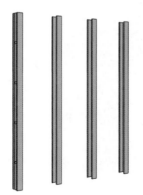

01- 安装竖向龙骨，间
距 ≤ 400mm

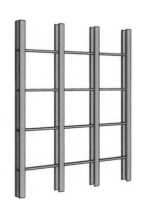

02- 安装穿心龙骨，间
距 ≤ 1000mm

03- 竖龙骨之间嵌满防
火隔声岩棉（容重
需符合国家标准）

04- 双层纸面石膏板通
过自攻螺钉与竖龙
骨固定（螺钉间距
150mm），两层石
膏板需错缝固定

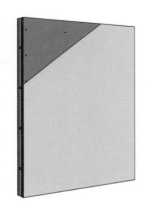

05- 自攻螺钉打钉处需涂抹
防锈漆，石膏板接缝处
需贴网格布，披刮腻
子、打磨

06- 涂刷封闭乳胶漆一道

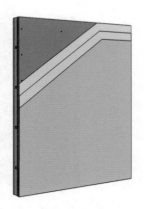

07-涂刷防潮乳胶漆一道

08-涂刷底胶

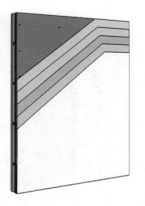

09-刷壁纸（壁布）胶一道

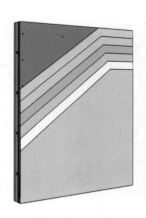

10-壁纸（壁布）饰面

20 墙面涂料—混凝土墙体

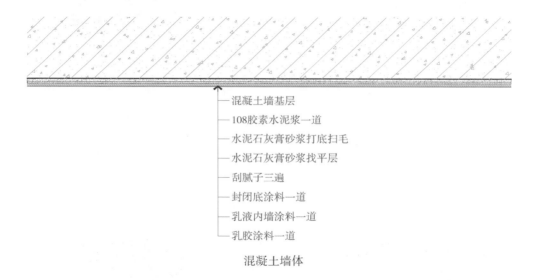

    —— 混凝土墙基层
    —— 108胶素水泥浆一道
    —— 水泥石灰膏砂浆打底扫毛
    —— 水泥石灰膏砂浆找平层
    —— 刮腻子三遍
    —— 封闭底涂料一道
    —— 乳液内墙涂料一道
    —— 乳胶涂料一道

混凝土墙体

01- 原建筑墙面

02- 涂刷 108 胶素水泥浆
一道

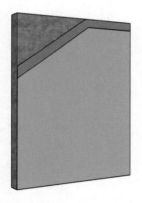

03- 水泥石灰膏砂浆打底
扫毛

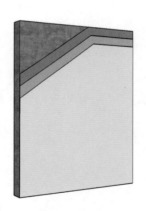

04- 水泥石灰膏砂浆找平层

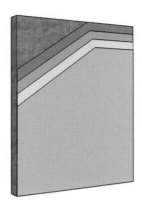

05-披刮腻子三遍、打磨

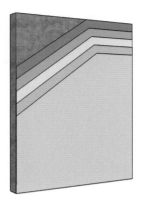

06-涂刷封闭底涂料一道

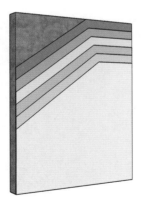

07-涂刷乳液内墙涂料一道

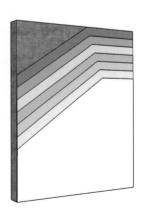

08-涂刷涂料饰面

21 墙面涂料—砌块砖墙体

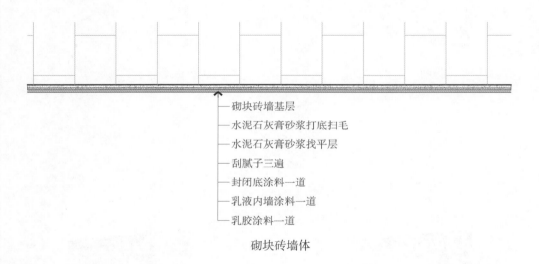

— 砌块砖墙基层
— 水泥石灰膏砂浆打底扫毛
— 水泥石灰膏砂浆找平层
— 刮腻子三遍
— 封闭底涂料一道
— 乳液内墙涂料一道
— 乳胶涂料一道

砌块砖墙体

01- 砌块砖墙体

02- 水泥石灰膏砂浆打底
扫毛

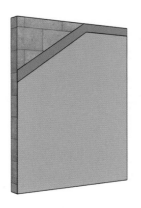

03- 水泥石灰膏砂浆找平层

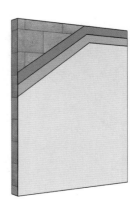

04- 披刮腻子三遍、打磨

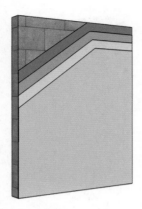

05-涂刷封闭底涂料一道

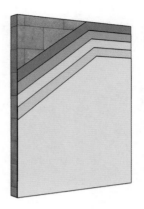

06-涂刷乳液内墙涂料一道

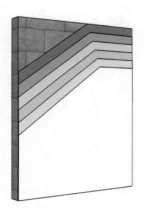

07-涂刷涂料饰面

22 墙面涂料—轻钢龙骨墙体

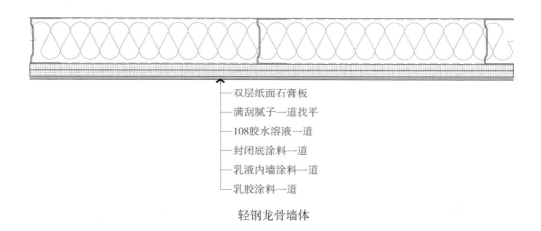

　　　　　　　　— 双层纸面石膏板
　　　　　　　　— 满刮腻子一道找平
　　　　　　　　— 108胶水溶液一道
　　　　　　　　— 封闭底涂料一道
　　　　　　　　— 乳液内墙涂料一道
　　　　　　　　— 乳胶涂料一道

轻钢龙骨墙体

01- 安装竖向龙骨，间
距 ≤ 400mm

02- 安装穿心龙骨，间
距 ≤ 1000mm

03- 竖龙骨之间嵌满防火隔
声岩棉（容重需符合国
家标准）

04- 双层纸面石膏板通过自
攻螺钉与竖龙骨固定
（螺钉间距 150mm），两
层石膏板需错缝固定

05－披刮腻子、打磨，涂刷
108 胶水溶液一道

06－涂刷封闭底涂料一道

07－涂刷乳液内墙涂料一道

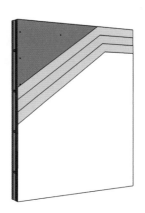

08－涂刷涂料饰面

23 踢脚板—木质踢脚板

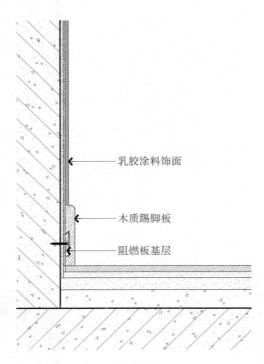

乳胶涂料饰面

木质踢脚板

阻燃板基层

木质踢脚板节点详图

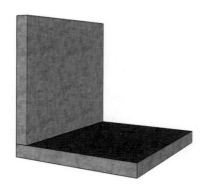

01-原建筑楼板、墙面

02-墙、地面完成面

03-通过自攻螺钉与墙面固定阻
　　燃板基层

04-安装木质踢脚板

24　踢脚板—不锈钢踢脚板

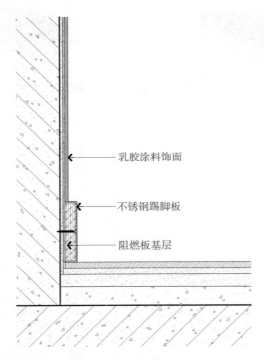

乳胶涂料饰面

不锈钢踢脚板

阻燃板基层

不锈钢踢脚板节点详图

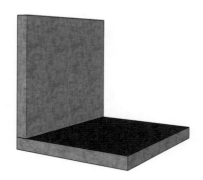

01-原建筑楼板、墙面

02-墙、地面完成面

03-通过自攻螺钉与墙面固定阻
燃板基层

04-安装定制不锈钢踢脚板

25　踢脚板—瓷砖踢脚板

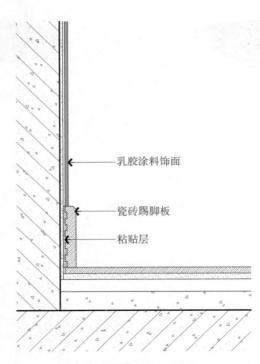

乳胶涂料饰面

瓷砖踢脚板

粘贴层

瓷砖踢脚板节点详图

01-原建筑楼板、墙面

02-墙、地面完成面

03-披刮瓷砖粘贴层

04-铺贴瓷砖踢脚板

26 踢脚板—成品铝合金踢脚板

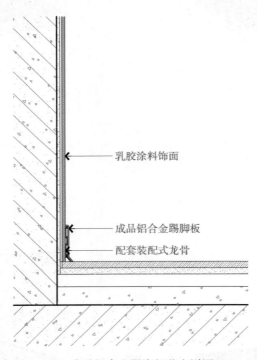

乳胶涂料饰面

成品铝合金踢脚板

配套装配式龙骨

成品铝合金踢脚板节点详图

01-原建筑楼板、墙面

02-墙、地面完成面

03-墙面固定配套装配式龙骨

04-安装成品铝合金踢脚板

27　踢脚板—塑胶地板墙面上返

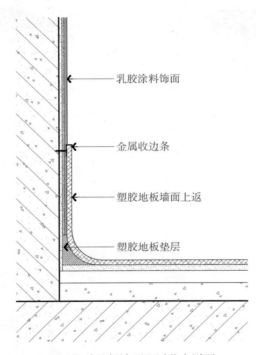

乳胶涂料饰面

金属收边条

塑胶地板墙面上返

塑胶地板垫层

塑胶地板墙面上返节点详图

01-原建筑楼板、墙面

02-墙面完成面、地面基层

03-墙角处塑胶地板垫层

04-墙面固定金属收边条

05-铺贴塑胶地板，专用胶粘剂

地面工艺节点设计与施工

 1 地面铺贴地砖（无防水）

2 地面铺贴地砖（有防水）

3 地面铺贴石材

4 地面铺贴木地板

5 地面铺贴运动地板

6 地面铺贴塑胶地板

7 地面水泥自流平

8 地面铺贴地毯

9 地面铺贴地毯—架空

10 防静电地板—架空

 11 电地暖（瓷砖饰面）

 12 水地暖（石材饰面）

 13 石材地面与木地板交接收口

14 石材地面与地毯交接收口

15 石材地面与除尘地毯交接收口

 16 混凝土楼梯—石材踏步（无灯带）

 17 混凝土楼梯—石材踏步（有灯带）

 18 混凝土楼梯—瓷砖踏步

 19 混凝土楼梯—木地板踏步

 20 混凝土楼梯—地毯踏步

1 地面铺贴地砖（无防水）

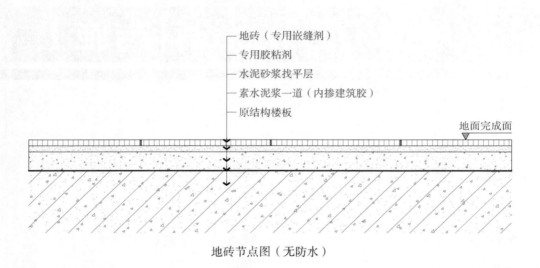

地砖（专用嵌缝剂）
专用胶粘剂
水泥砂浆找平层
素水泥浆一道（内掺建筑胶）
原结构楼板

地面完成面

地砖节点图（无防水）

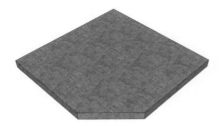

01- 原建筑楼板

02- 素水泥浆一道，内掺建筑胶

03- 水泥砂浆找平层（厚度根据现场情况确定）

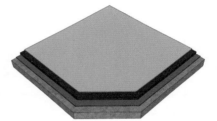

04- 专用胶粘剂

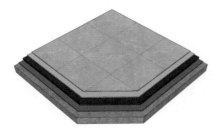

05- 铺贴地砖

2 地面铺贴地砖（有防水）

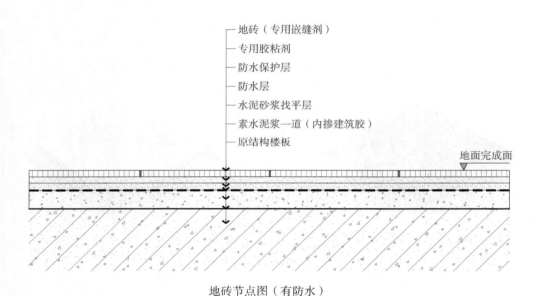

地砖（专用嵌缝剂）
专用胶粘剂
防水保护层
防水层
水泥砂浆找平层
素水泥浆一道（内掺建筑胶）
原结构楼板

地面完成面

地砖节点图（有防水）

01-原建筑楼板

02-素水泥浆一道，内掺建筑胶

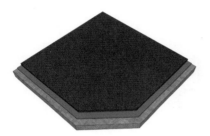

03-水泥砂浆找平层（厚度根据现场情况确定）

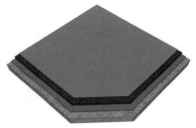

04-双层 JS 或聚氨酯涂膜防水层

05-10mm 厚 水 泥 砂 浆 防 水 保护层

06-专用胶粘剂

07-铺贴地砖

3 地面铺贴石材

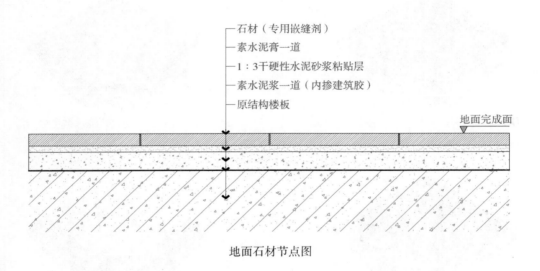

石材（专用嵌缝剂）
素水泥膏一道
1：3干硬性水泥砂浆粘贴层
素水泥浆一道（内掺建筑胶）
原结构楼板

地面完成面

地面石材节点图

01－原建筑楼板

02－素水泥浆一道，内掺建筑胶

03－1：3 干硬性水泥砂浆粘贴层

04－素水泥膏一道

05－铺贴石材

4 地面铺贴木地板

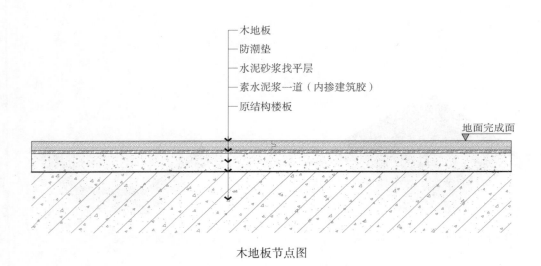

木地板节点图

01-原建筑楼板

02-素水泥浆一道，内掺建筑胶

03-水泥砂浆找平层（厚度根据现场情况确定）

04-铺设防潮垫

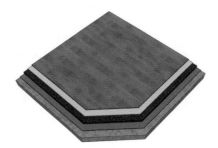

05-铺贴木地板

5　地面铺贴运动地板

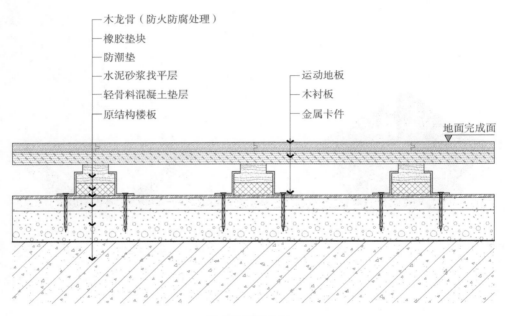

运动地板节点图

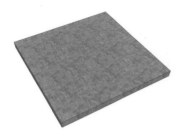

01-原建筑楼板

02-轻骨料混凝土垫层

03-水泥砂浆找平层（厚度根据现场情况确定）

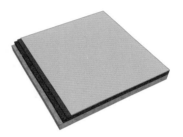

04-铺设防潮垫

05-铺设木龙骨（需做防火、防腐处理），下方铺贴橡胶垫块

06-通过钢钉用金属卡件将木龙骨与地面固定

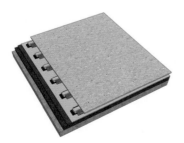

07-铺设阻燃木衬板

08-铺设运动地板

6 地面铺贴塑胶地板

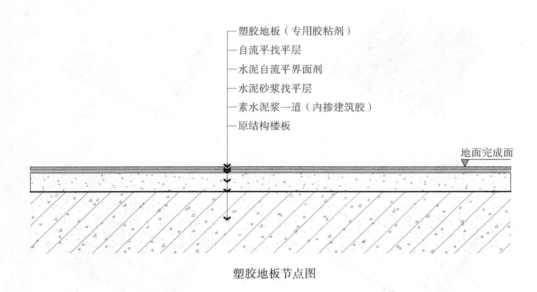

塑胶地板（专用胶粘剂）
自流平找平层
水泥自流平界面剂
水泥砂浆找平层
素水泥浆一道（内掺建筑胶）
原结构楼板

地面完成面

塑胶地板节点图

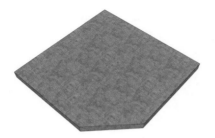

01-原建筑楼板

02-素水泥浆一道，内掺建筑胶

03-水泥砂浆找平层（厚度根据现场情况确定）

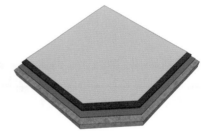

04-水泥自流平界面剂

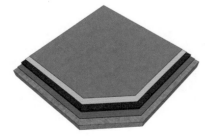

05-自流平找平层

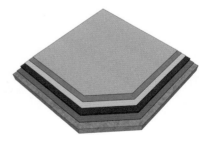

06-铺贴塑胶地板，专用胶粘剂

7 地面水泥自流平

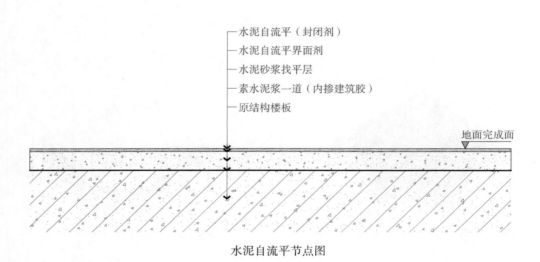

水泥自流平（封闭剂）
水泥自流平界面剂
水泥砂浆找平层
素水泥浆一道（内掺建筑胶）
原结构楼板

地面完成面

水泥自流平节点图

01-原建筑楼板

02-素水泥浆一道，内掺建筑胶

03-水泥砂浆找平层（厚度根据现场
情况确定）

04-水泥自流平界面剂

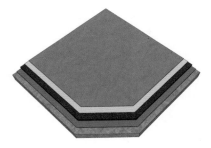

05-水泥自流平（封闭剂）

8 地面铺贴地毯

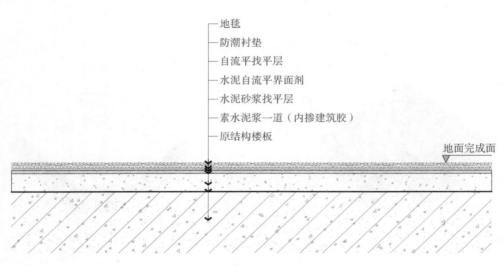

— 地毯
— 防潮衬垫
— 自流平找平层
— 水泥自流平界面剂
— 水泥砂浆找平层
— 素水泥浆一道（内掺建筑胶）
— 原结构楼板

地面完成面

地毯节点图

01-原建筑楼板

02-素水泥浆一道，内掺建筑胶

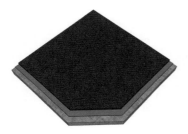

03-水泥砂浆找平层（厚度根据
现场情况确定）

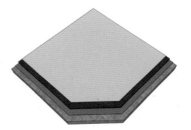

04-水泥自流平界面剂

05-自流平找平层

06-铺设防潮衬垫

07-铺设地毯

9　地面铺贴地毯—架空

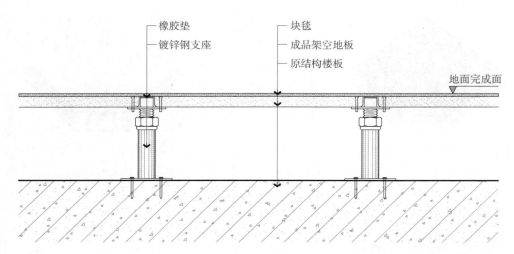

架空地面铺装地毯节点图

01-原建筑楼板

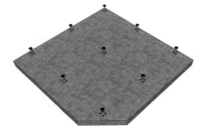

02-通过钢钉将支座固定于地面

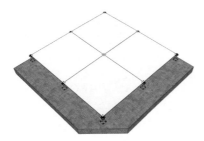

03-铺设成品架空地板并与支座
　　固定

04-铺设块毯，专用胶粘剂

10　防静电地板—架空

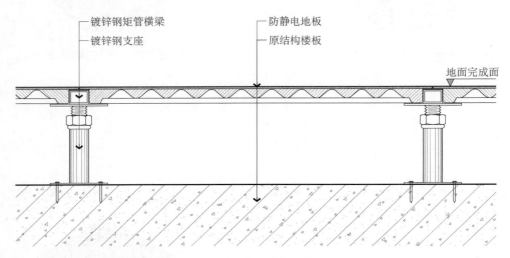

镀锌钢矩管横梁
镀锌钢支座
防静电地板
原结构楼板
地面完成面

防静电地板节点图

01-原建筑楼板

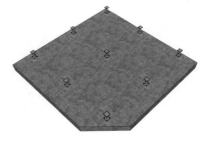

02-通过钢钉将支座固定于地面

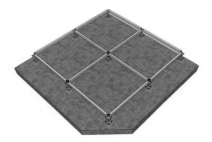

03-支座上方铺设钢矩管横梁

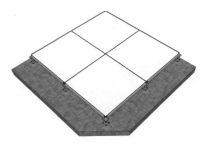

04-铺设防静电地板

11　电地暖（瓷砖饰面）

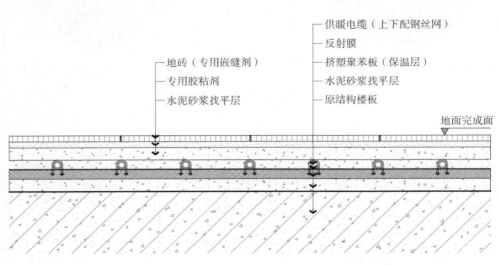

地砖（专用嵌缝剂）
专用胶粘剂
水泥砂浆找平层

供暖电缆（上下配钢丝网）
反射膜
挤塑聚苯板（保温层）
水泥砂浆找平层
原结构楼板

地面完成面

电地暖节点图

01-原建筑楼板

02-水泥砂浆找平层

03-挤塑聚苯板，保温层

04-铺贴铝箔反射膜

05－供暖电缆安装

06－上下配低碳镀锌钢丝网

07－水泥砂浆找平层

08－专用胶粘剂

09－铺贴地砖

12　水地暖（石材饰面）

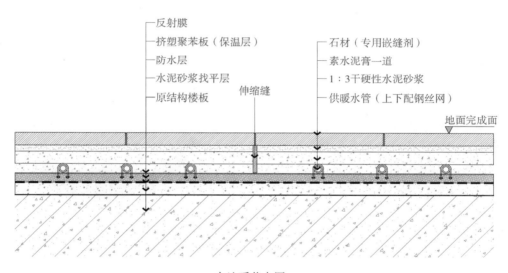

反射膜
挤塑聚苯板（保温层）
防水层
水泥砂浆找平层
原结构楼板
伸缩缝
石材（专用嵌缝剂）
素水泥膏一道
1：3干硬性水泥砂浆
供暖水管（上下配钢丝网）
地面完成面

水地暖节点图

01-原建筑楼板

02-水泥砂浆找平层

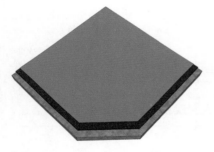

03-双层 JS 或聚氨酯涂膜防水层
涂刷

04-铺设挤塑聚苯板，保温层

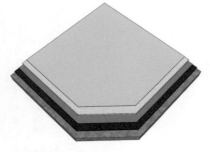

05-铺贴铝箔反射膜

06-固定加热水管

07-上下配低碳镀锌钢丝网

08-20mm 厚 1：3 干硬性水泥砂浆

09-素水泥膏一道

10-铺贴石材

13　石材地面与木地板交接收口

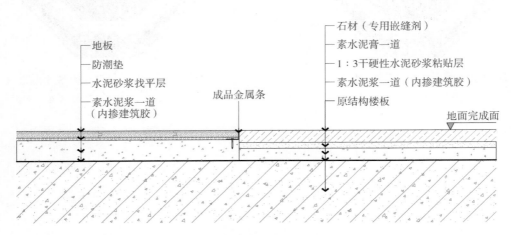

石材地面与木地板交接处各层标注：
- 地板
- 防潮垫
- 水泥砂浆找平层
- 素水泥浆一道（内掺建筑胶）
- 成品金属条
- 石材（专用嵌缝剂）
- 素水泥膏一道
- 1：3干硬性水泥砂浆粘贴层
- 素水泥浆一道（内掺建筑胶）
- 原结构楼板
- 地面完成面

石材与地板交接处节点图

01-原建筑楼板

02-素水泥浆一道，内掺建筑胶

03-1：3 干硬性水泥砂浆粘贴层
（厚度根据现场情况确定）

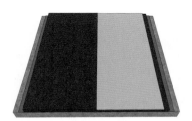

04-素水泥膏一道

05-铺贴石材

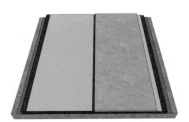

06-铺设防潮衬垫

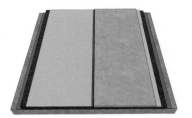

07-与石材交接处通过钢钉与地
面固定 L 形金属收边条

08-铺贴木地板

14　石材地面与地毯交接收口

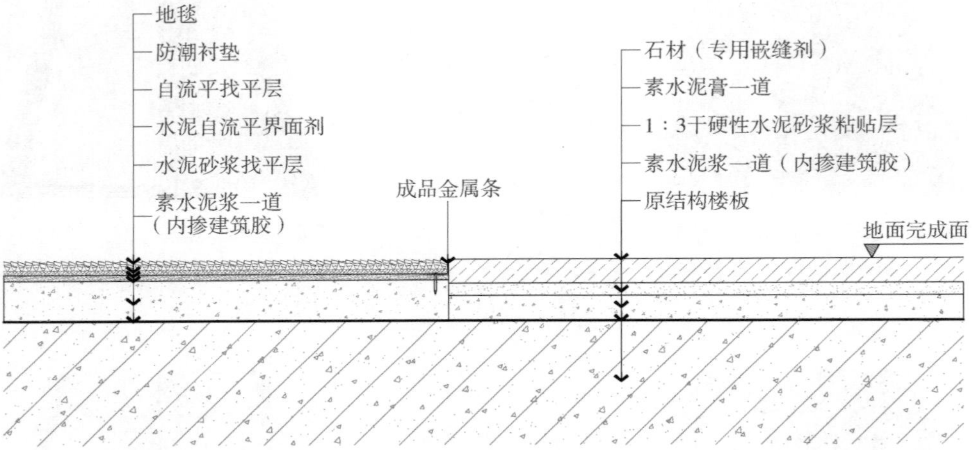
地毯
防潮衬垫
自流平找平层
水泥自流平界面剂
水泥砂浆找平层
素水泥浆一道
（内掺建筑胶）
成品金属条
石材（专用嵌缝剂）
素水泥膏一道
1：3干硬性水泥砂浆粘贴层
素水泥浆一道（内掺建筑胶）
原结构楼板
地面完成面

石材地面与地毯交接处节点图

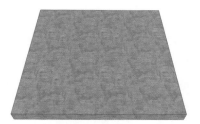

01-原建筑楼板

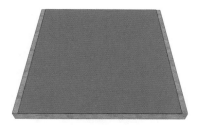

02-素水泥浆一道，内掺建筑胶

03-1：3干硬性水泥砂浆粘贴层（厚
度根据现场情况确定）

04-素水泥膏一道

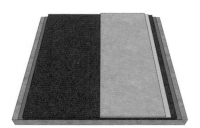

05-铺贴石材

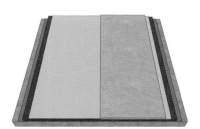

06-水泥砂浆找平层

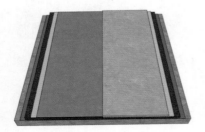

07—水泥自流平界面剂，自流平找
平层

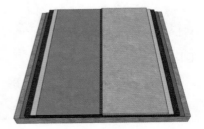

08—与石材交接处通过钢钉与地面固
定 L 形金属收边条

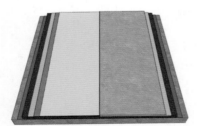

09—铺设防潮衬垫

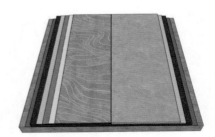

10—铺设地毯

15　石材地面与除尘地毯交接收口

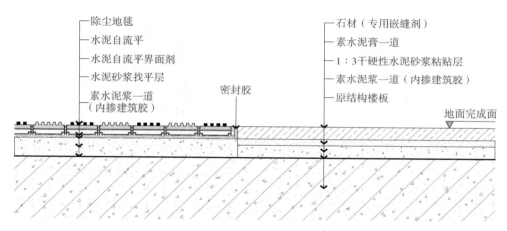

除尘地毯
水泥自流平
水泥自流平界面剂
水泥砂浆找平层
素水泥浆一道
（内掺建筑胶）

密封胶

石材（专用嵌缝剂）
素水泥膏一道
1：3干硬性水泥砂浆粘贴层
素水泥浆一道（内掺建筑胶）
原结构楼板

地面完成面

石材地面与除尘地毯交接处节点图

01- 原建筑楼板

02- 素水泥浆一道，内掺建筑胶

03-1：3 干硬性水泥砂浆粘贴层
（厚度根据现场情况确定）

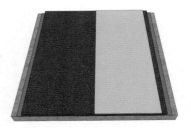

04- 素水泥膏一道

05- 铺贴石材

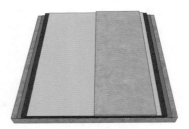

06- 水泥自流平界面剂

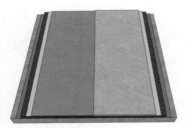

07- 自流平找平层

08- 铺设除尘地毯，与石材交接
处打胶密封

16 混凝土楼梯—石材踏步（无灯带）

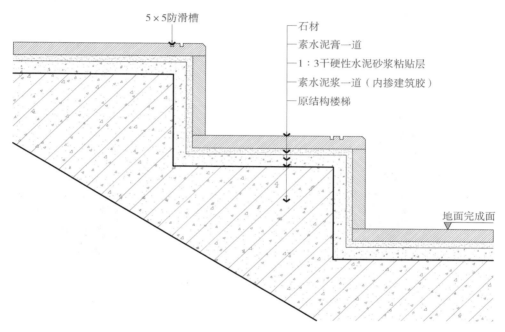

石材楼梯踏步节点图（无灯带）

01-原建筑混凝土楼梯

02-素水泥浆一道，内掺建筑胶

03-1∶3干硬性水泥砂浆粘贴层（厚度根据现场情况确定）

04-素水泥膏一道

05-铺贴石材，需做 5mm×5mm 防滑槽

17　混凝土楼梯—石材踏步（有灯带）

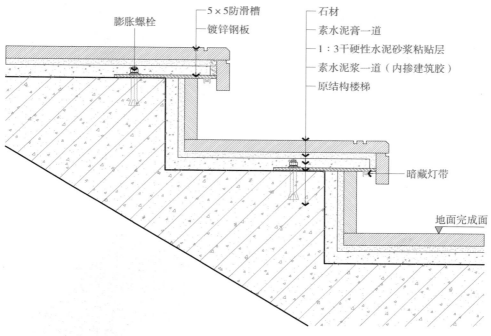

膨胀螺栓

5×5防滑槽

镀锌钢板

石材

素水泥膏一道

1：3干硬性水泥砂浆粘贴层

素水泥浆一道（内掺建筑胶）

原结构楼梯

暗藏灯带

地面完成面

石材楼梯踏步节点图（有灯带）

01- 原建筑混凝土楼梯

02- M8 膨胀螺栓固定 5mm 厚镀锌
钢板

03- 素水泥浆一道，内掺建筑胶

04- 1：3 干硬性水泥砂浆粘贴层（厚
度根据现场情况确定）

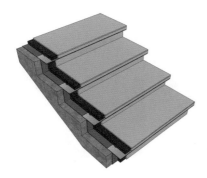

05−素水泥膏一道

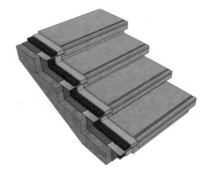

06−铺贴石材，需做 5mm×5mm
防滑槽，安装 LED 发光灯带

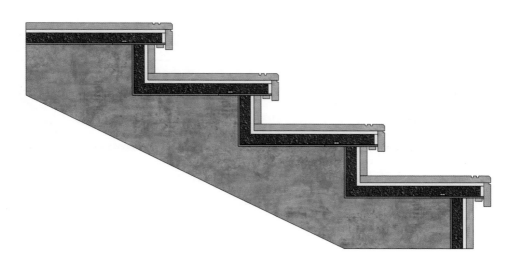

07−石材楼梯踏步暗藏灯带剖面图

18 混凝土楼梯—瓷砖踏步

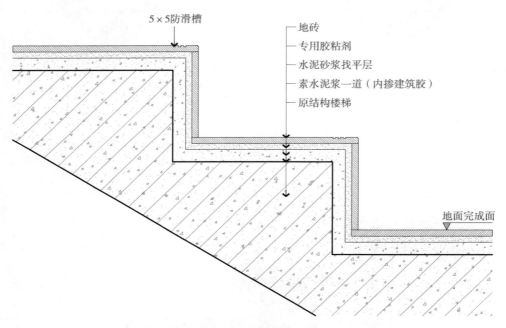

5×5防滑槽

地砖
专用胶粘剂
水泥砂浆找平层
素水泥浆一道（内掺建筑胶）
原结构楼梯

地面完成面

防滑地砖楼梯踏步节点图

01-原建筑混凝土楼梯

02-素水泥浆一道，内掺建筑胶

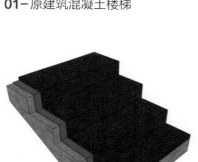

03-水泥砂浆找平（厚度根据现场情况确定）

04-专用胶粘剂

05-铺贴地砖，需做 5mm×5mm 防滑槽，瓷砖阳角处需做圆角处理

19 混凝土楼梯—木地板踏步

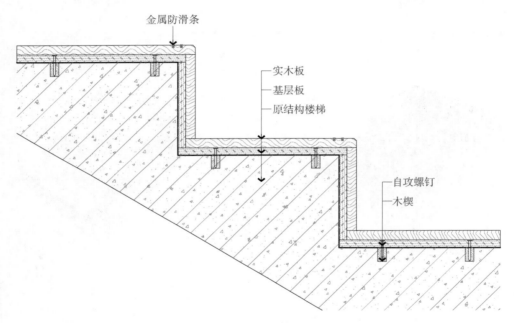

金属防滑条

实木板
基层板
原结构楼梯

自攻螺钉
木楔

木地板楼梯踏步节点图

01-原建筑混凝土楼梯、打孔

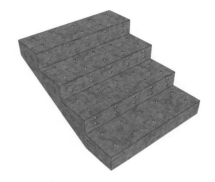

02-嵌入木楔做找平（防腐处理）

03-铺贴阻燃基层板，自攻螺钉固定

04-铺贴实木板，专用胶粘剂

20　混凝土楼梯—地毯踏步

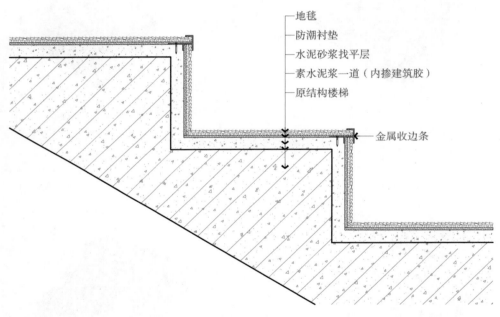

地毯
防潮衬垫
水泥砂浆找平层
素水泥浆一道（内掺建筑胶）
原结构楼梯

金属收边条

地毯楼梯踏步节点图

01-原建筑混凝土楼梯

02-素水泥浆一道，内掺建筑胶

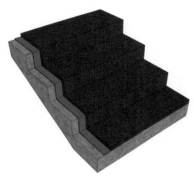

03-水泥砂浆找平（厚度根据现场情
况确定）

04-踏步阳角处钢钉固定金属收边条

05-铺设防潮衬垫

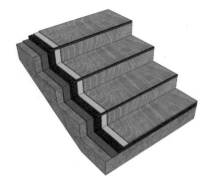

06-铺设地毯